普通高等教育教材

航空发动机部件制造虚拟仿真实验教程

姜丽红　胡锦扬　陈玉华　主编
赵明杰　邓云发　王冠刚　副主编

化学工业出版社
·北京·

内容简介

本教材以航空发动机部件制造为核心，系统构建了航空发动机部件制造关键环节的虚拟仿真实验。从航空发动机基础认知（简介）、核心部件成形工艺，到精密制造技术，延伸至故障诊断与整机装配，形成了完整的知识链。教材中包含了航空发动机简介、航空发动机薄壁铸件真空差压铸造、航空发动机整框件锻造工艺过程、航空发动机叶片熔模精密铸造、航空发动机机匣电子束焊接等十三个高度仿真的虚拟实验模块，深度融合工艺原理与数字化实践。

本教材可作为普通高等学校焊接技术与工程、材料成型及控制工程、增材制造工程、金属材料工程等工科专业的本科生实验教材，也可作为机械类/能源动力类专业选修课教学参考和航空制造企业新员工培训辅助资料。

图书在版编目（CIP）数据

航空发动机部件制造虚拟仿真实验教程 / 姜丽红，胡锦扬，陈玉华主编. -- 北京 : 化学工业出版社，2026. 1. --（普通高等教育教材）. -- ISBN 978-7-122-49378-1

Ⅰ. V232

中国国家版本馆 CIP 数据核字第 2025PE9943 号

责任编辑：张海丽　　文字编辑：侯俊杰　温潇潇
责任校对：王鹏飞　　装帧设计：韩　飞

出版发行：化学工业出版社
（北京市东城区青年湖南街 13 号　邮政编码 100011）
印　　装：北京捷迅佳彩印刷有限公司
787mm×1092mm　1/16　印张 12¼　字数 269 千字
2025 年 12 月北京第 1 版第 1 次印刷

购书咨询：010-64518888　　售后服务：010-64518899
网　　址：http://www.cip.com.cn
凡购买本书，如有缺损质量问题，本社销售中心负责调换。

定　　价：39.00 元

前言

实验教学作为高等工程教育的重要环节，在培养创新型、复合型人才方面发挥着关键作用。随着新工科建设的深入推进，实验教学已从传统的辅助教学手段转变为培养学生工程实践能力和创新思维的核心途径。通过构建“理论-虚拟-实操”三位一体的教学模式，不仅能帮助学生深入理解专业知识，更能系统提升其解决复杂工程问题的能力。

目前，高校实验教学面临着新的挑战：首先，航空发动机等高端装备制造领域的实验教学受限于设备的高成本、高危险性和高损耗率；其次，传统实验教学模式难以满足个性化、规模化的教学需求。虚拟仿真技术的引入，为解决这些问题提供了新的思路。本教材采用的虚拟仿真实验平台基于Unity3D引擎开发，通过高精度建模和物理引擎仿真，真实再现了航空发动机制造过程中的关键工艺环节，使学生在安全、可控的环境中掌握核心技能。

本教材主要是针对航空发动机部分零件加工过程的相关虚拟仿真实验，从航空发动机简介、部件成形工艺、精密制造，到故障诊断与检测，再到最终装配等关键环节的虚拟仿真实验项目，还原了航空发动机部分部件的制造过程。共包含十三个虚拟仿真实验，每个实验配有仿真演示视频，读者可扫描书中二维码观看。

本教材由南昌航空大学姜丽红、胡锦扬和陈玉华主编。参加本书编写的还有南昌航空大学赵明杰、邓云发、王冠刚和焦振华等人。在教材编写过程中，我们得到了多方面的支持与帮助，北京润尼尔软件技术开发有限公司为航空发动机零件的虚拟仿真项目开发提供了技术支持，中国航发南方工业有限公司等企业提供了宝贵的生产数据，在此一并表示感谢。

由于编者水平和经验有限，书中不妥之处，敬请读者批评指正，以期再版时修正。

编者

2025年7月

目录

实验一：航空发动机简介虚拟仿真实验

一、实验目的

仿真演示视频

知识目标：

通过航空发动机结构装配虚拟仿真实验，模拟航空发动机的真实装配环境，掌握压气机、燃烧室、涡轮、尾喷管等核心部件的结构功能与工作原理，并通过总体结构方案的仿真结果，掌握评价设计的合理性，完成航空发动机各模块的动态装配，实时展示装配过程的动态效果，增强理论课的实践效果。

能力目标：

培养对航空发动机总体结构方案进行深入分析与实践的能力，以及对发动机设计理念与装配流程进行实践创新的能力。

素质目标：

培养严谨细致的工匠精神和团队协作意识，树立科技报国的家国情怀和追求卓越的国际视野。

二、实验原理

航空发动机是一种高度复杂的热力机械，被誉为“工业之花”，其性能直接影响飞机的飞行能力。其结构如图 1-1 所示，主要由进气道、压气机、燃烧室、涡轮和尾喷管等核心部件组成。其中，进气道负责引导空气进入，压气机通过多级压缩提高空气压力，燃烧室使燃油与高压空气混合燃烧产生高温燃气，涡轮则将燃气的热能转化为机械能驱动压气机和风扇，尾喷管排出燃气产生推力。此外，还包括机匣、风扇、润滑系统

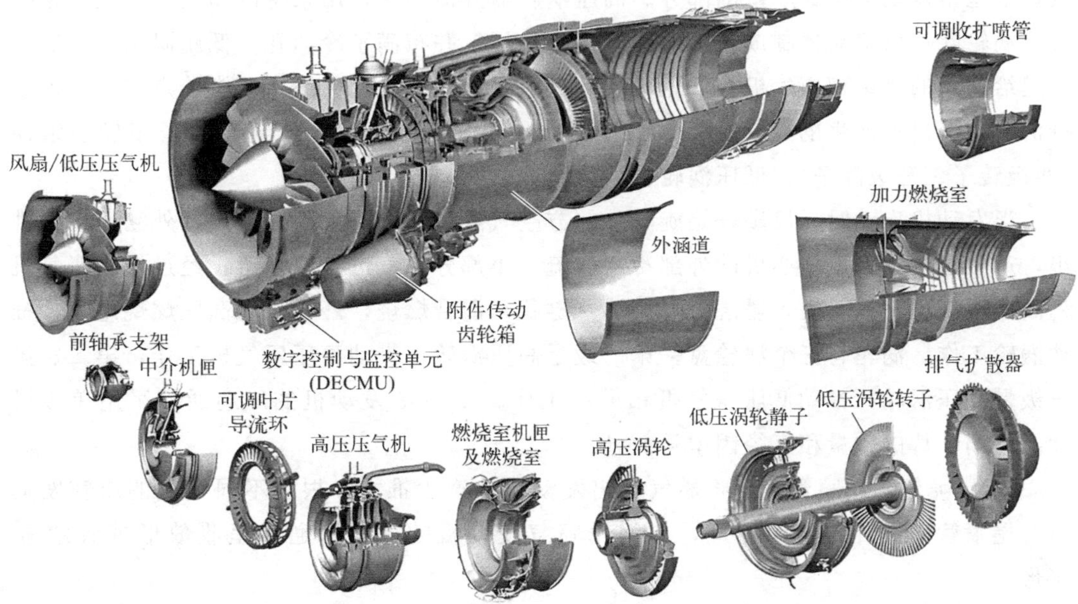

图 1-1
航空发动机结构

等辅助部件，共同确保发动机高效稳定运行。

① 进气道。进气道是航空发动机的空气入口，负责将外部空气引入发动机内部。进气道的设计需考虑空气流量、流速和阻力等因素，以确保发动机能够高效地吸入空气。

② 压气机。压气机通过压缩空气提高其压力，空气压气机分为风扇/低压压气机和高压压气机。风扇/低压压气机模块是发动机的首个部件，负责将吸入的空气进行初步压缩。风扇/低压压气机的关键部分为风扇叶片、风扇盘和压气机机匣等。为提高风扇叶片的综合性能，多采用钛合金或高强度复合材料制成。高压压气机模块进一步压缩空气，提高空气压力和密度，为燃烧室提供足够的氧气，它的关键部分是一系列的转子和定子组件，其中轴向安装的压气机叶片是转子组件的关键部分。当发动机启动时，高压转子和低压转子开始旋转。高压转子首先吸入空气并进行高压压缩，然后将高压空气送入燃烧室。在燃烧室内，燃料与高压空气混合并燃烧，产生高温高压燃气。这些燃气随后推动高压涡轮和低压涡轮旋转，进而驱动高压压气机和低压压气机继续工作。同时，低压涡轮还驱动风扇旋转，为发动机提供推力。航空发动机工作时，通过静子和转子的共同协作确保发动机的正常运行。

③ 燃烧室。燃烧室是航空发动机中燃料燃烧产生热能的地方。在燃烧室内，高压空气与燃油混合并燃烧，产生高温高压的燃气。多数现代涡扇发动机采用环形燃烧系统，具有内壳、燃料喷嘴和高压喷嘴导向叶片等关键部件。

④ 涡轮。航空发动机涡轮分为高压涡轮和低压涡轮：高压涡轮模块负责获取燃烧热能，并将其转化为机械能，以驱动高压压气机和附属齿轮箱；低压涡轮模块获取剩余的燃烧热能，用于驱动风扇和低压压气机转子组件。高压涡轮由高压涡轮盘和叶片组成，是整个发动机中最厚重的部分。高压涡轮盘外侧中空，用来将冷却气体引入涡轮叶片。涡轮叶片由单晶体制成，上面涂有陶瓷涂层，并布满了冷却孔。低压涡轮产生的力传递给前面的风扇和压气机。低压段和高压段是分开独立运行的，且旋转方向相反，以抵消发动机自身产生的旋转力矩。低压涡轮由低压涡轮轴、低压涡轮转子和静子组件（四级转子、三级静子）、低压涡轮框架等组成。

当发动机启动时，风扇开始旋转，前方空气经过风扇，大部分空气经外涵道直接排出，产生直接推力及核心机的外部冷却气流。小部分空气进入内涵道，经过低压压气机和高压压气机压缩，进入燃烧室与燃油（雾状）混合燃烧，产生高温高压燃烧尾气，推动涡轮工作。涡轮有三个涡轮盘，第一级是高压涡轮，带动高压压气机工作，第二、第三级是低压涡轮，带动低压压气机和风扇工作。CFM56 发动机的风扇通常采用单级设计，风扇叶片的数量和直径因型号而异。

⑤ 尾喷管。尾喷管负责将燃气排出发动机并产生推力。根据不同类型的航空发动机，尾喷管的设计也有所不同，如涡轮喷气发动机的尾喷管通常呈收敛形或收敛-扩张形。

⑥ 机匣。机匣部分是航空发动机结构中不可或缺的组件之一，具有保护关键部件、引导气流和冷却等功能。航空发动机的机匣主要由高压压气机机匣、燃烧室机匣，以及

涡轮机匣等部分组成。

此外，航空发动机还包括排气系统、控制系统、附件系统、轴承和润滑系统、冷却系统，以及外壳和支撑结构。其中，排气系统的作用是将燃烧后的废气通过排气系统排出，产生推力；控制系统用于控制发动机的工作状态；附件系统为飞机提供必要的电力和液压动力，包括发电机、液压泵、启动系统等；轴承和润滑系统用于确保发动机内部运动部件的平稳运转，减少磨损；冷却系统用来防止发动机在高温下工作时发生过热现象；外壳和支撑结构用于保护发动机内部部件，同时支撑整个发动机。通过对航空发动机各部位的了解，可进一步深入了解航空发动机的性能特点和潜在问题，为航空发动机的研发、优化和维护提供有力的科学依据。

三、实验内容及步骤

本实验主要包括“模型认知”和“模型拼装”两个模块。这些模块的内容包括尾喷管、风扇、涡轮、压气机、燃烧室、中介机匣的构造认知，以及零件展示等。图 1-2 为本实验的初始界面，点击“进入实验”之后即可进入模块选择，如图 1-3 所示。

图 1-2
初始界面

(1) 实验模块一：模型认知

模型认知模块包括“工作原理”和“工作部件认知”。点击“工作原理”可查看右侧文本框中发动机的整体介绍，同时鼠标滚轮可放大或缩小发动机模型，鼠标右键可旋转发动机模型进行查看。点击“工作部件认知”可依次查看各个部件组装动画。该模块是对航空发动机主要结构件进行介绍。读者可以通过学习其组装过程和接触方式，进一步了解发动机的工作原理。图 1-4 为航空发动机的整体构造。

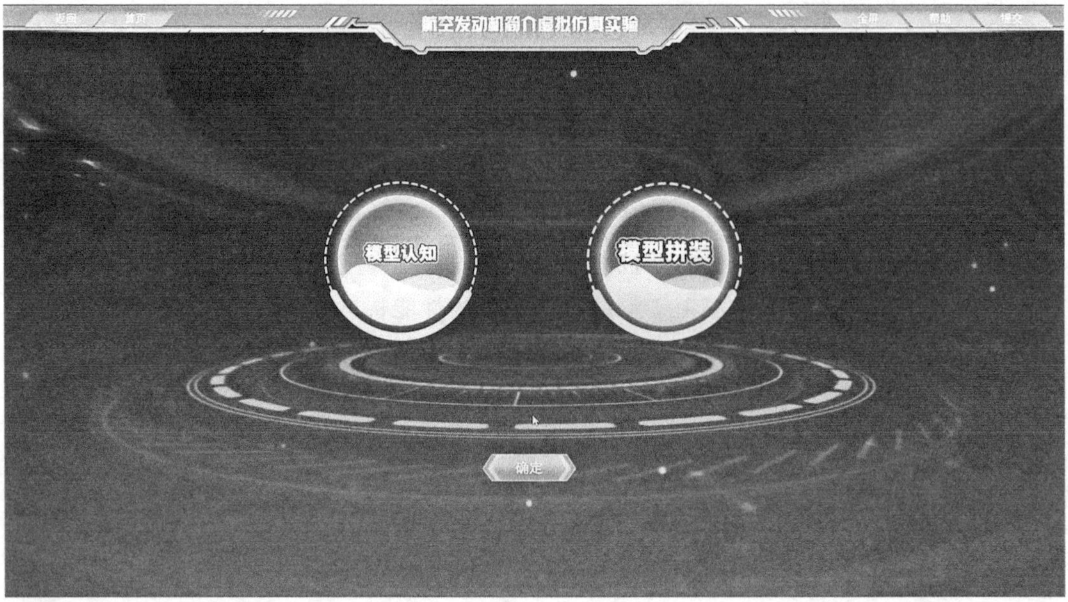

图 1-3
模块选择

图 1-4
航空发动机整体构造

① 涡轮认知。点击下方“涡轮”按钮，通过涡轮组装动画及右侧文本信息，学习涡轮的整体结构和各结构件相关知识，了解涡轮在航空发动机中的作用，如图 1-5 所示。

图 1-5
涡轮模型认知

② 风扇认知。点击下方“风扇”按钮，了解风扇结构，增强对航空发动机工作时风扇作用的认知，如图 1-6 所示。

图 1-6
风扇模型认知

③ 机匣认知。点击下方“机匣”按钮，了解机匣结构设计，掌握航空发动机机匣的作用，如图 1-7 所示。

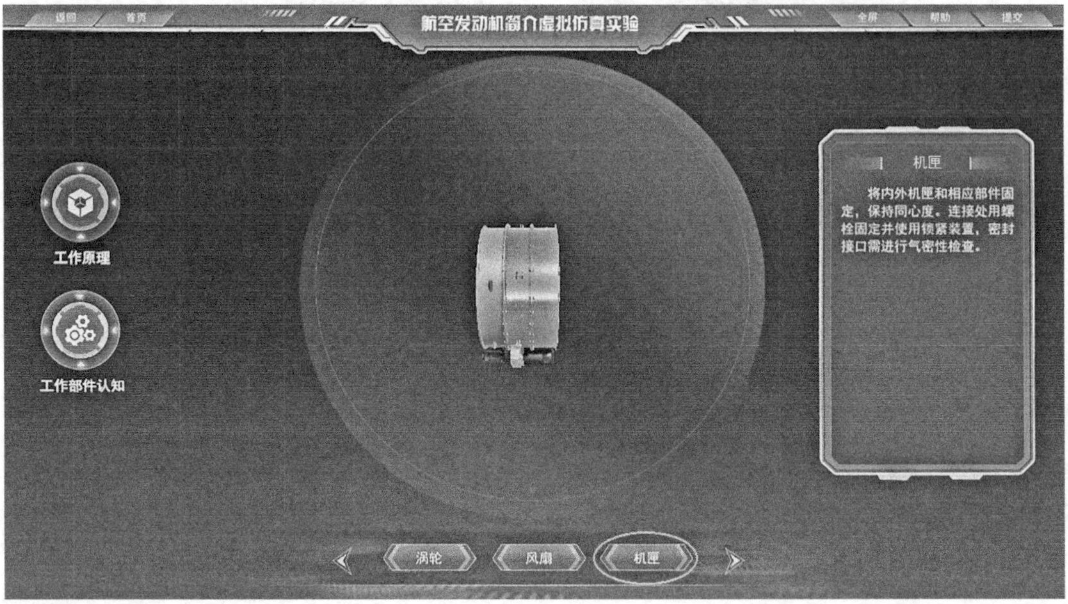

图 1-7
机匣模型认知

④ 燃烧室认知。点击下方“燃烧室”按钮，了解燃烧室整体和各结构件相关知识。作为航空发动机中燃料燃烧产生热能的地方，其结构和作用非常重要。燃烧室产生的热量直接影响航空发动机的动力，如图 1-8 所示。

图 1-8
燃烧室模型认知

⑤ 尾喷管认知。点击下方“尾喷管”按钮，了解尾喷管的整体和各结构件的相关知识。尾喷管负责将燃气排出发动机，产生推力，是影响航空发动机动力的因素，如图 1-9 所示。

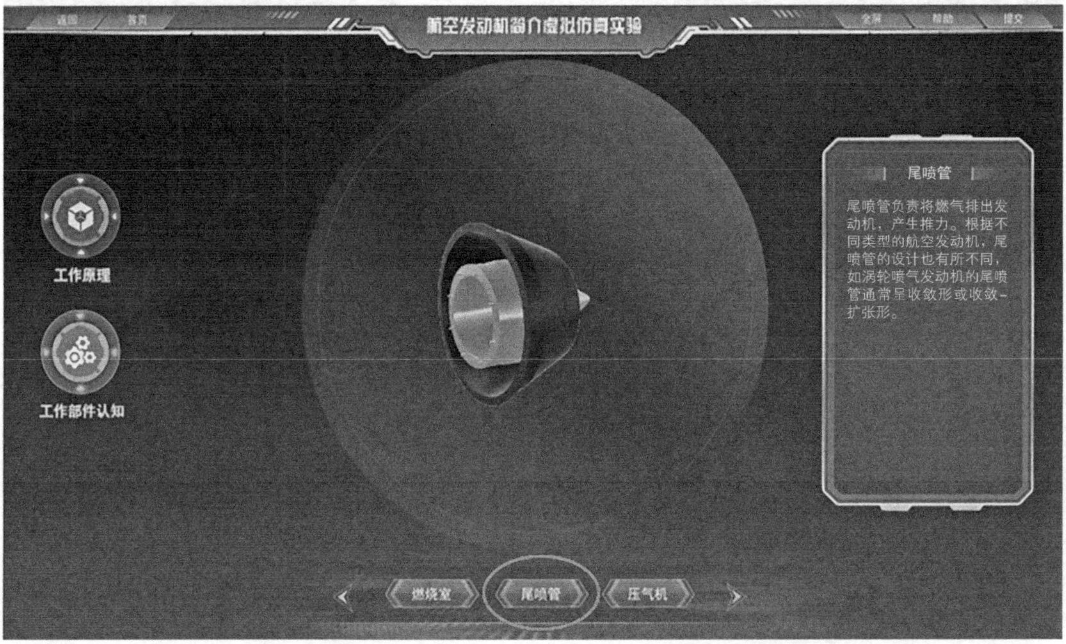

图 1-9
尾喷管模型认知

⑥ 压气机认知。点击下方“压气机”按钮，了解压气机结构设计。压气机通过压缩空气提高其压力，是影响航空发动机动力的因素，如图 1-10 所示。

（2）实验模块二：模型拼装

对模型认知模块学习后，点击“模型拼装”模块，随后进入该模块的学习。该模块包括航空发动机各组成部分拼装和航空发动机总装。

① 航空发动机各组成部分拼装。该模块中提供了航空发动机的六个组成部分。了解各组成部分后，对航空发动机各组成部分进行组装，再对航空发动机进行总体组装。上述过程中会出现典型结构的接触表面。图 1-11、图 1-12 分别为航空发动机机匣的组装和典型接触面。图 1-13、图 1-14 分别为航空发动机燃烧室的组装和组装后的模型图。

② 航空发动机总装。对各部分拼装结束后，若选择的组成部分与该部分在航空发动机中的位置不匹配，则会出现提示。图 1-15、图 1-16 分别为航空发动机各组成部分的组装顺序和涡轮选择错误提示。图 1-17、图 1-18 分别为航空发动机按照顺序组装的各部分模型图和完成组装后的模型图。

实验全部操作完之后，点击实验报告模块，编写与该实验相关的建议与总结，并点击提交。

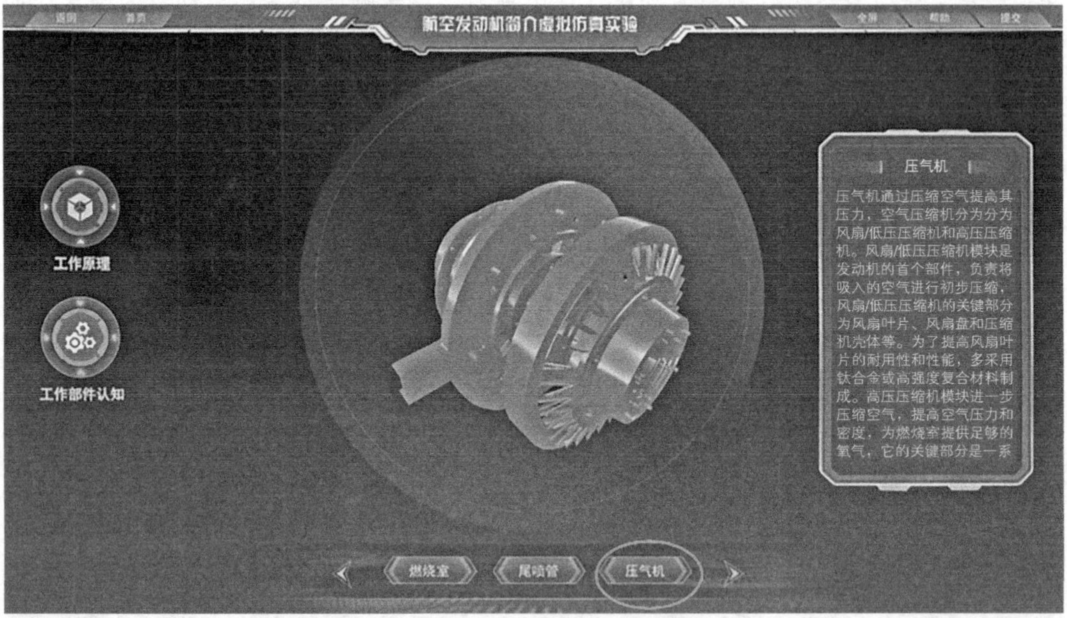

图 1-10
压气机模型认知

图 1-11
航空发动机机匣的组装

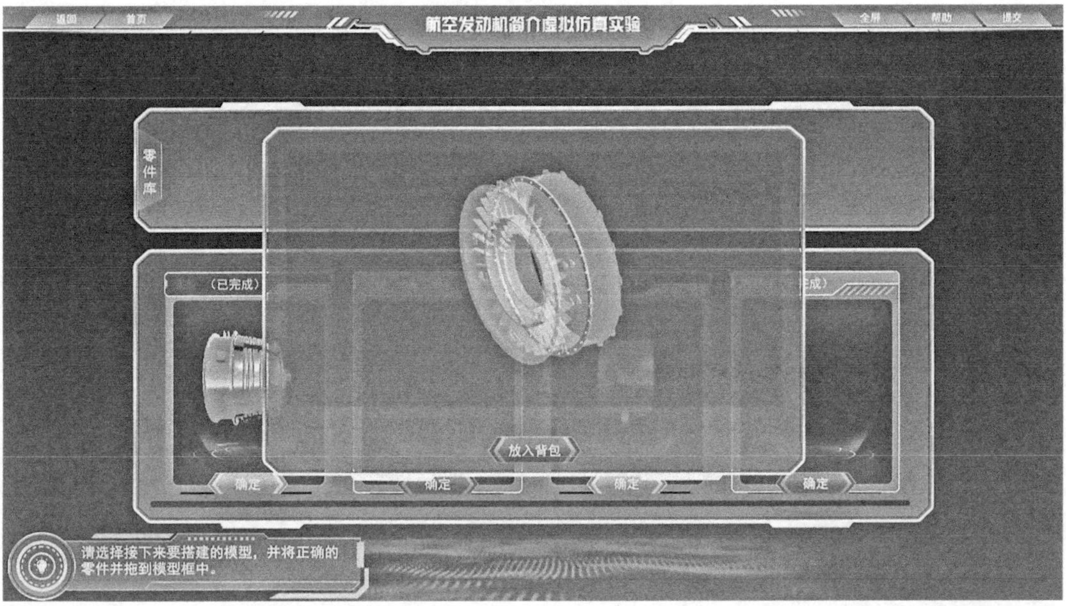

图 1-12
航空发动机机匣的典型接触面

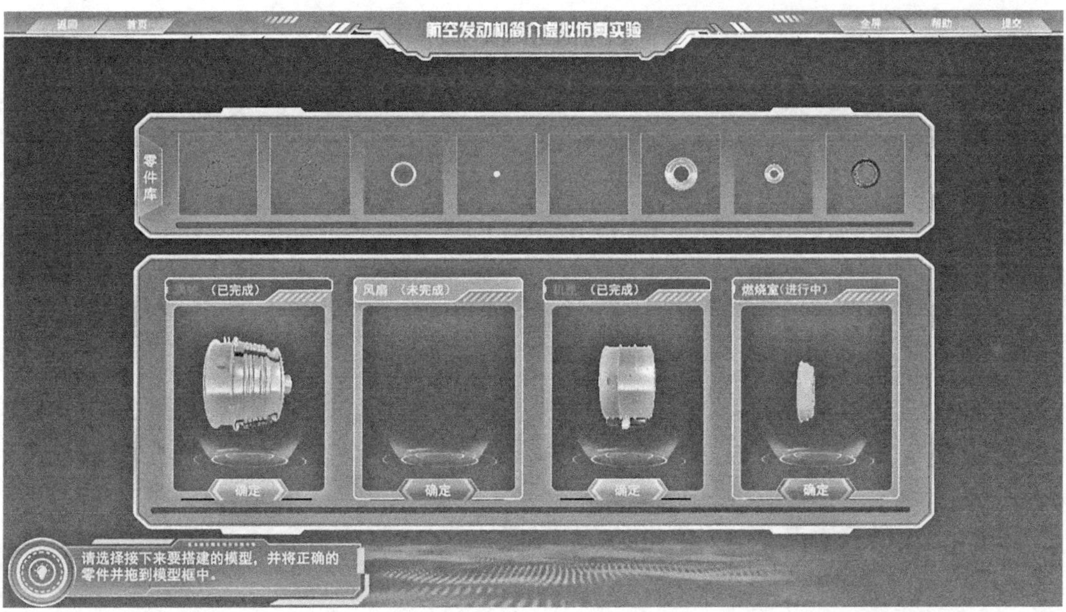

图 1-13
航空发动机燃烧室的组装

图 1-14
航空发动机燃烧室组装后的模型图

图 1-15
航空发动机各组成部分的组装顺序

图 1-16
涡轮选择错误提示

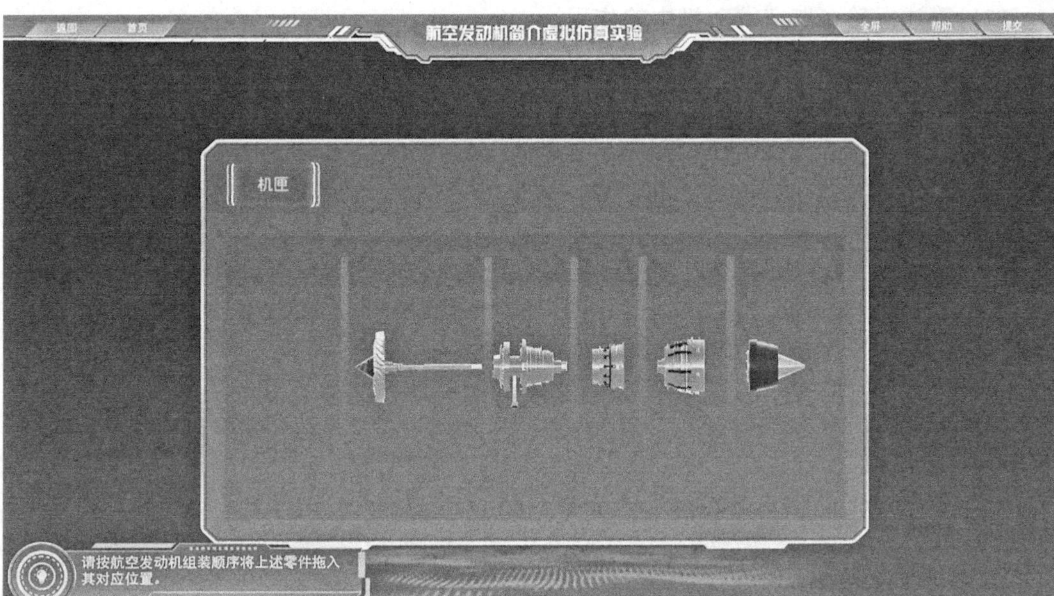

图 1-17
航空发动机按照顺序组装的各部分模型图

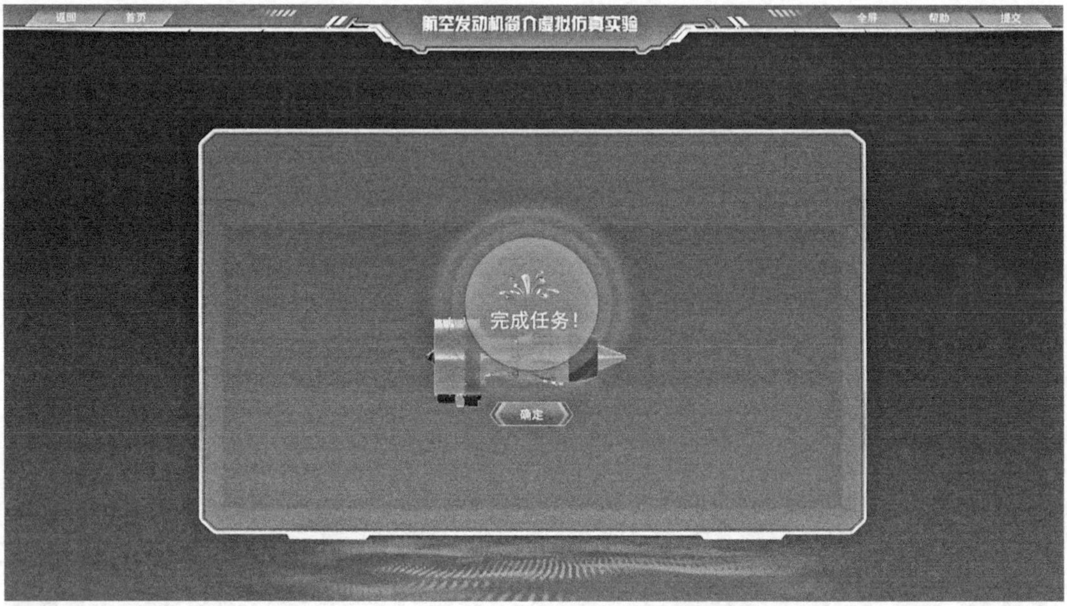

图 1-18
航空发动机完成组装后的模型图

四、思考题

（1）简述涡轮在航空发动机中的作用。

（2）简述航空发动机的组装顺序是如何确定的。

（3）简述空气进入航空发动机后，如何生成航空发动机的动力。

实验二：航空发动机薄壁铸件真空差压铸造虚拟仿真实验

一、实验目的

知识目标：

通过航空薄壁铸件真空差压铸造虚拟仿真实验，模拟航空铸造企业的真实环境，掌握典型铸造工艺的设计方法，并通过充型与凝固过程的仿真结果，评价设计的合理性，完成真空差压铸造各工序的动态设计，实时展示真空差压铸造过程动态效果，增强理论课的实践效果。

仿真演示视频

能力目标：

培养对铸造工艺知识重难点进行主动认知与应用的能力，以及对企业来源的真实科学研究项目进行实践创新的能力。

素质目标：

培养工匠精神和责任意识，具有家国情怀和国际视野。

二、实验原理

本实验针对航空薄壁框架类零件进行铸造工艺设计，认识砂处理及混砂设备，并采用树脂砂造型和制芯，利用真空差压铸造进行铝合金、镁合金铸件制备成形，通过铸造数值模拟结果展示真空差压铸造充型和凝固过程，并进行缺陷预测、分析。最后，根据实验结果对浇注系统方案和铸造工艺参数进行评价。虚拟仿真实验系统流程如图 2-1 所示。

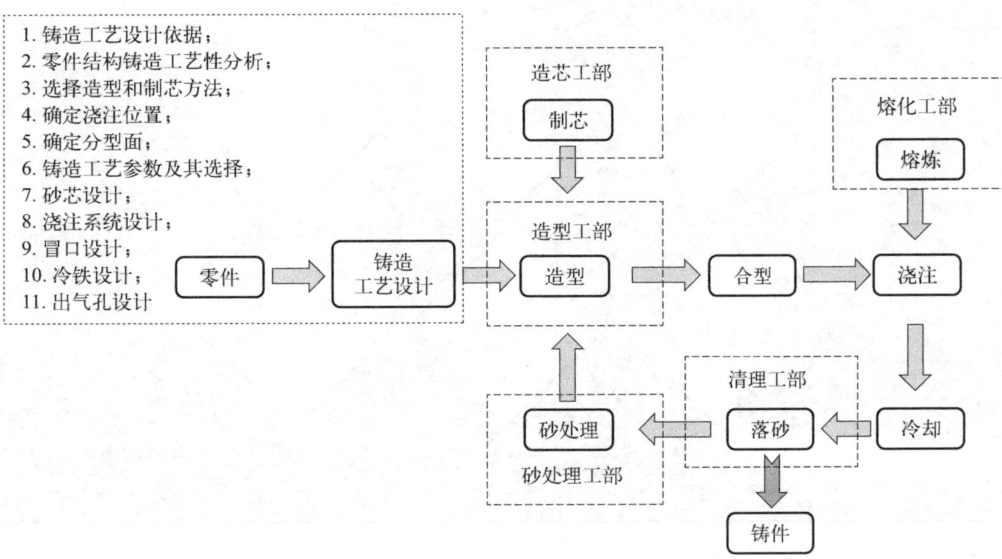

图 2-1
虚拟仿真实验系统流程

真空差压铸造是将铸型和合金液同时置于负压场中，然后向合金液所在的下压力罐中通入压缩气体，使合金液在可控气氛下反重力方向充满铸型，并在一定压力下结晶的一种反重力铸造方法。真空差压铸造是一种先进的反重力精密铸造技术，其充型和凝固压差均可控，且在真空条件下充型，能够减小背压对大型薄壁铸件充型能力的影响，具有优越的充型和凝固条件，是生产高质量薄壁铸件最可行的方法。其工艺特点如下：

① 充型过程中压力可调，并且型腔为负压场，提高了充型能力，适于生产质量要求高的复杂薄壁铸件；

② 在下压力罐为负压时，熔炼过程中溶解于金属液中的气体易于析出，同时负压条件下金属液不易氧化，有利于合金的纯净化；

③ 铸件在调压下结晶，压力随凝固过程逐步增加，能抑制气体的析出，防止针孔的产生，在压力下凝固，有利于铸件补缩，提高铸件的致密度和物理、力学性能；

④ 工艺简单，对铸型强度、透气性和排气能力均无特殊要求；

⑤ 对控制系统的压差控制精度和上、下压力罐破真空速度有较高的要求。

三、实验内容及步骤

航空薄壁框架类零件的铸造包括工艺设计、造型、制芯、充型和凝固等过程，了解零件的铸造过程，能进一步提高理论课的实践效果。本实验主要包括“实验目的”“实验原理”“设备认知”“实验操作”“实验报告”和“实验成绩”六个模块，如图 2-2 所示。

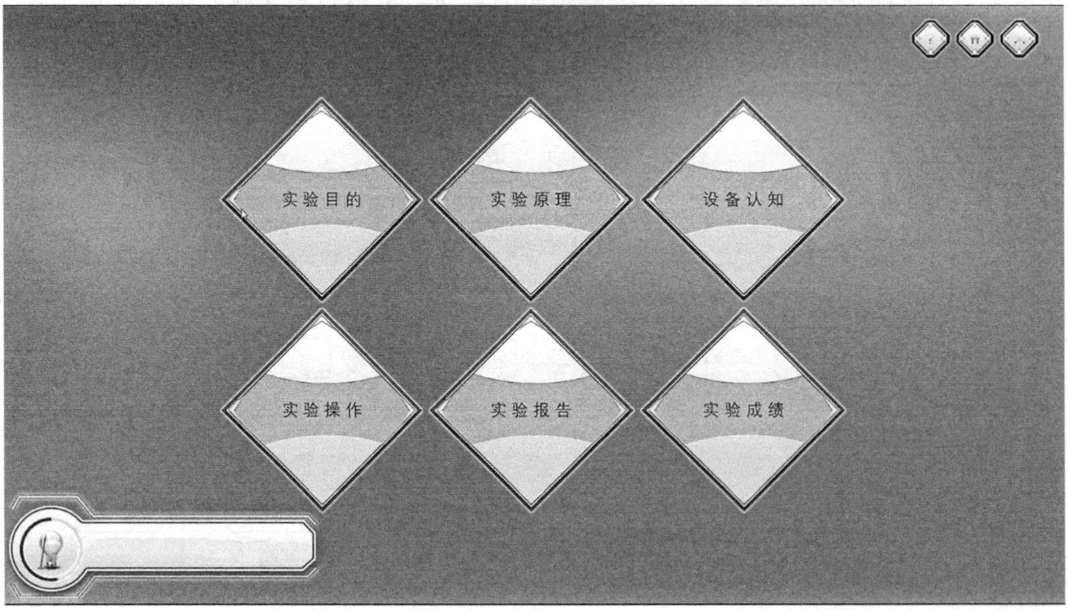

图 2-2
模块选择

(1) 实验模块一：实验目的

点击“实验目的”按钮，进行整个项目实验目的的学习，如图 2-3 所示。可以拖动滚动条进行完整的学习。全部学习完之后，点击“确认”，返回模块选择界面继续学习。

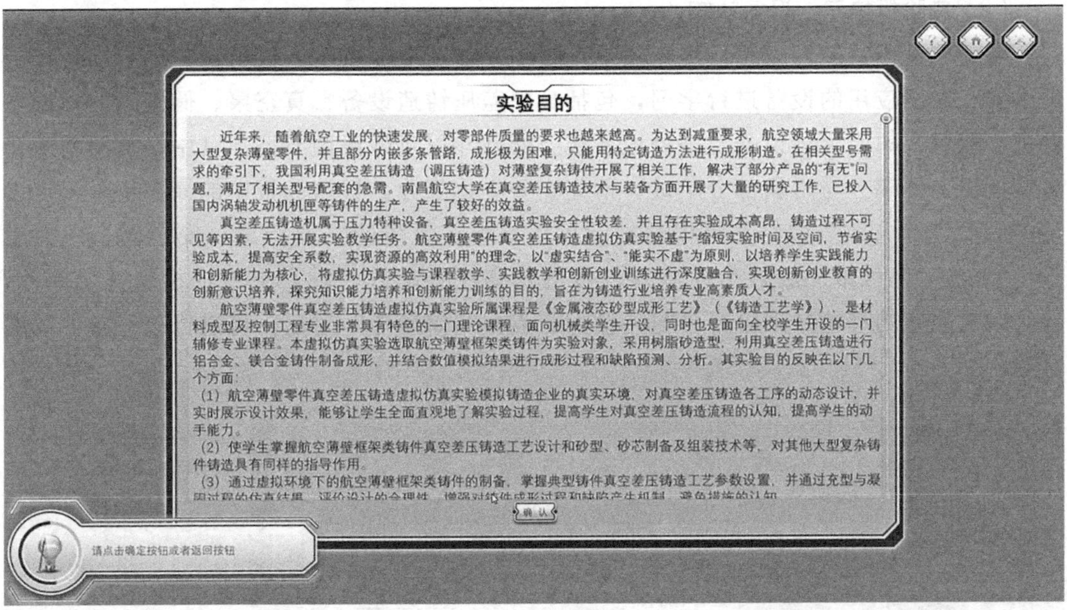

图 2-3
实验目的页面模块

（2）实验模块二：实验原理

点击“实验原理”按钮，进入虚拟仿真场景中，如图 2-4 所示。对系统流程图了解后，点击“确定”，出现具体的 6 条实验原理，点击对应的内容后进行详细学习。

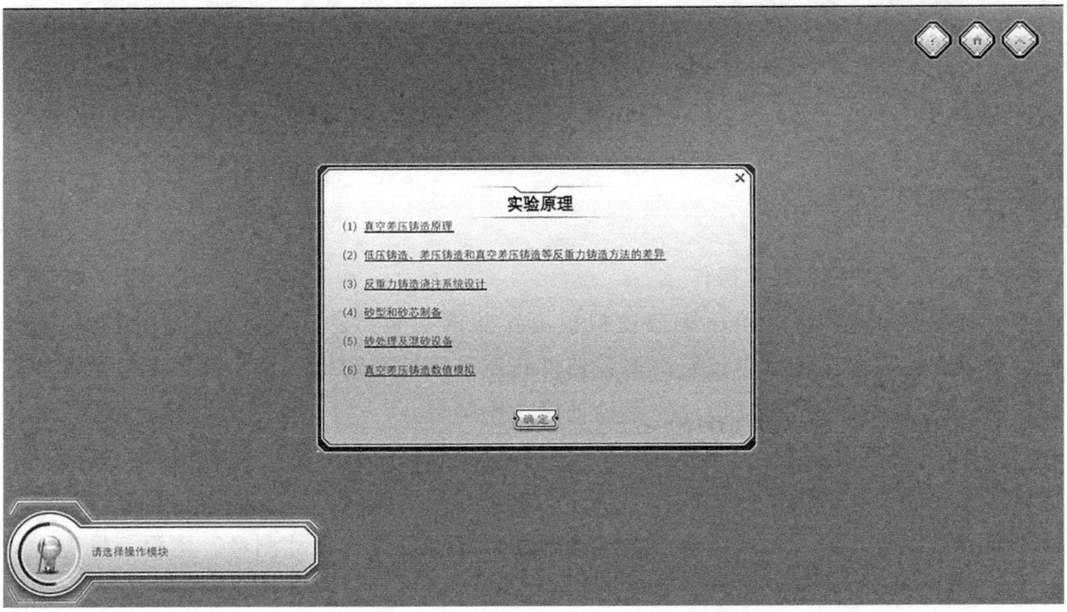

图 2-4
实验原理模块

（3）实验模块三：设备认知

点击“设备认知”按钮，进入三维场景中，如图 2-5 所示，根据文字提示和高亮闪烁引导，对所应用的设备进行学习，包括真空差压铸造设备、真空泵、储气罐、球形混砂机、双臂式树脂混砂设备及砂处理系统、储砂斗以及砂温调节器。其中，真空差压铸造设备由主体部分与附属部分组成，请先查看主体部分。根据场景中的高亮引导，点击设备后可查看内部结构，并且根据提示可以掌握该设备的主要组成（安全阀、压力表等）。点击“储气罐”后展示控制该设备的气路控制部分，以及上下连接情况。此外，还可以对设备的理论知识进行学习，例如，点击“储砂斗”之后，可进行该设备的详细学习。

图 2-5
储砂斗设备认知

（4）实验模块四：实验操作

对航空薄壁铸件真空差压铸造虚拟仿真实验的实验目的、原理以及设备进行掌握后，接下来需进行实验操作。航空薄壁铸件真空差压铸造虚拟仿真实验主要包括零件和铸件的认知、铸件工艺方案设计、落砂处理 3 个环节。

① 认识零件和铸件。虚拟仿真系统提供零件认知（图 2-6）、铸件数模（图 2-7）。零件认知界面中央出现铸件数模，右侧分为“查看”“测量”“称重”三个不同功能按钮，可通过旋转、放大、剖切等方式观测模型，并可以进行尺寸测量、称重等操作。认识零件和铸件可以对薄壁铸件有整体的认识，并为铸造工艺设计提供依据。

② 铸件工艺方案设计。铸件工艺方案设计包括浇注位置、分型面、铸造工艺参数（加工余量、收缩率、拔模斜度等）的确定，以及砂浇注系统形式、浇注系统计算、冒

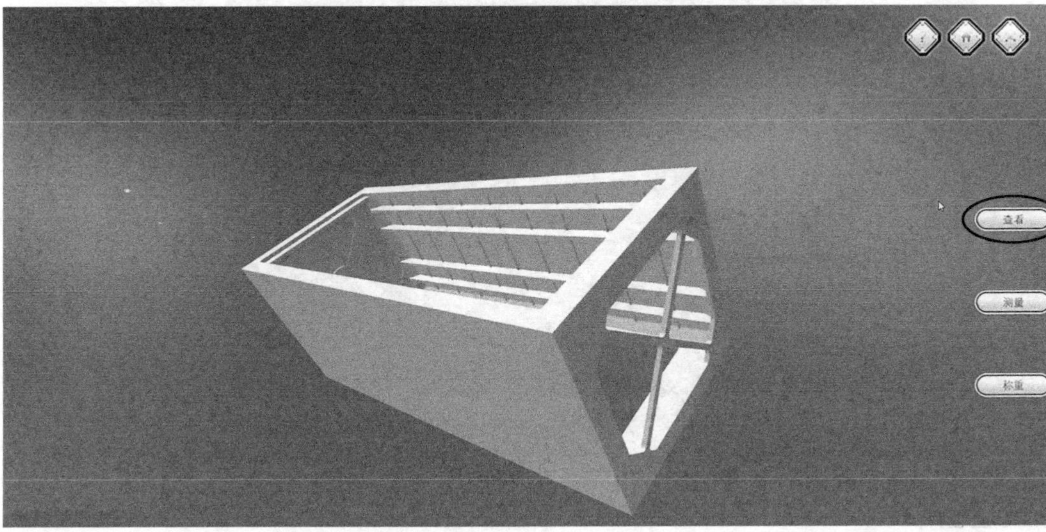

图 2-6
零件认知

图 2-7
铸件数模

口、冷铁、出气孔等的设计。

a. 浇注位置。浇注位置共有六种，如图 2-8 所示，且可根据浇注位置选择原则评价每种浇注位置的优缺点。

b. 浇注方案。浇注方案根据浇注位置和铸造斜度、铸造收缩率等参数确定。图 2-9 为浇注方案的选择，图 2-10 为铸造斜度的设计。

c. 冷铁设计。在大型铸件生产过程中，在铸型中放置冷铁可以帮助控制传热，但要获得好的效果，需正确选择冷铁方案。冷铁方案选择如图 2-11 所示。

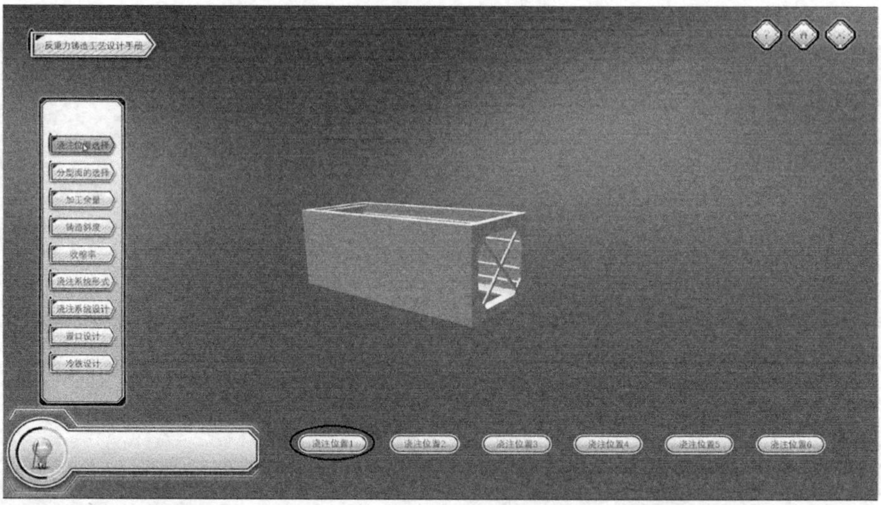

图 2-8
浇注位置选择

图 2-9
浇注方案的选择

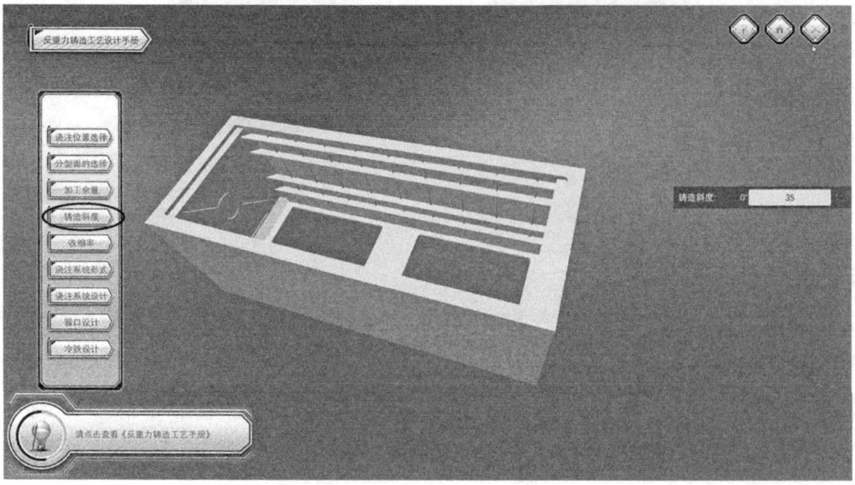

图 2-10
铸造斜度的设计

图 2-11
冷铁方案选择

d. 造型。使用手工造型进行砂型制作，可根据不同的合金选择不同方式造型。本实验以铝合金和镁合金浇注为例，分别选用双臂式树脂砂混砂设备和球形混砂机进行混砂。造型过程包括型砂混制、填砂、舂实等工序。可选择四个砂型进行造型。图 2-12 为双臂式树脂砂混砂设备，图 2-13 为对四个砂型进行造型。

图 2-12
双臂式树脂砂混砂设备

e. 制芯。手工制芯包括合模、填砂、放置芯撑、紧实等工序。图 2-14 为制芯示意图。

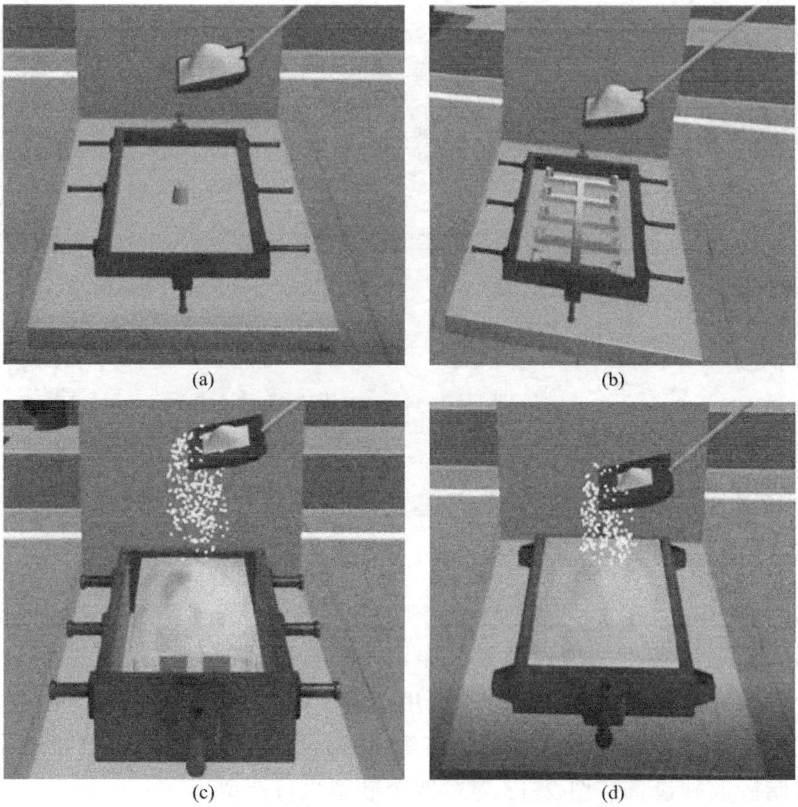

图 2-13
四个砂型的造型

图 2-14
制芯

f. 涂料。手工刷涂醇基涂料，点火干燥。图 2-15 为刷涂料示意图，图 2-16 为点火干燥示意图。

图 2-15
刷涂料

图 2-16
点火干燥

g. 砂箱、升液管的准备。熔炼前将砂箱组装后放入恒温炉进行烘干，对升液管进行清理、刷涂料、烘干。图 2-17 为设置烘干温度示意图。

h. 熔炼。根据铸件的材质，选择 ZL103 铝合金或 ZL114A 铝合金进行熔炼。其熔炼工艺、精炼工艺、熔炼温度等均有差异。图 2-18 为设置熔炼温度示意图，图 2-19 和图 2-20 分别为精炼除气和精炼除气参数设置示意图。

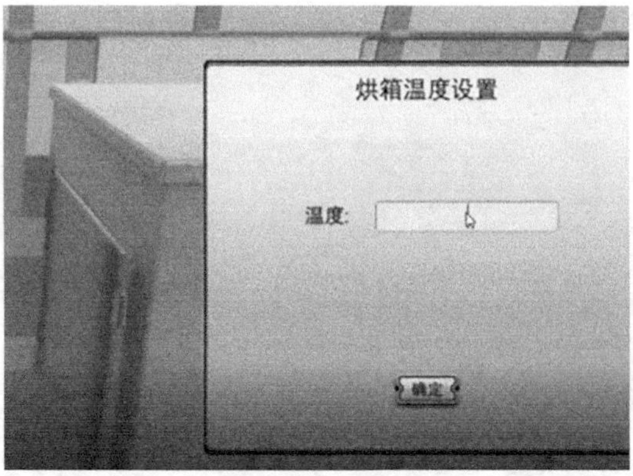

图 2-17
设置恒温炉烘干温度

图 2-18
设置熔炼温度

图 2-19
精炼除气

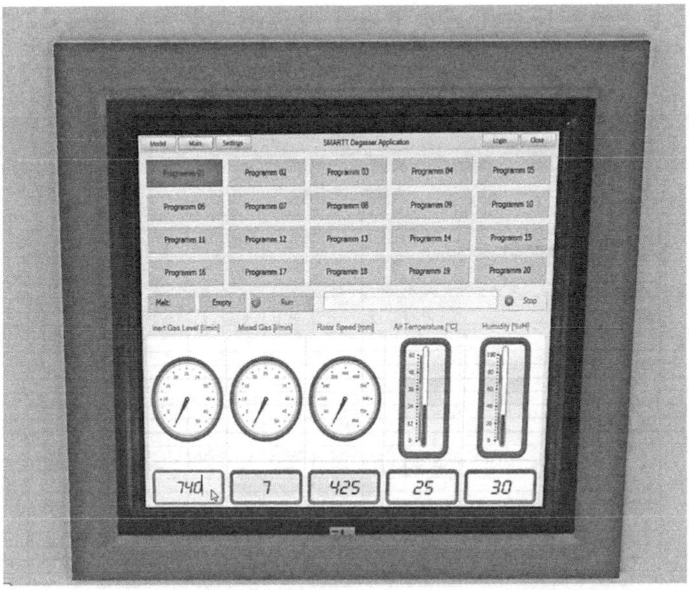

图 2-20
精炼除气参数设置

i. 浇注。在真空差压铸造软件界面设置工艺参数，结合不同工艺条件下的充型和凝固过程的铸造数值模拟结果，实现铸造过程的可视化，并对铸造过程中出现的主要缺陷进行分析。

• 浇注工艺设计。浇注工艺设计最主要的是工艺参数设置。图 2-21 为浇注工艺参数设置示意图。

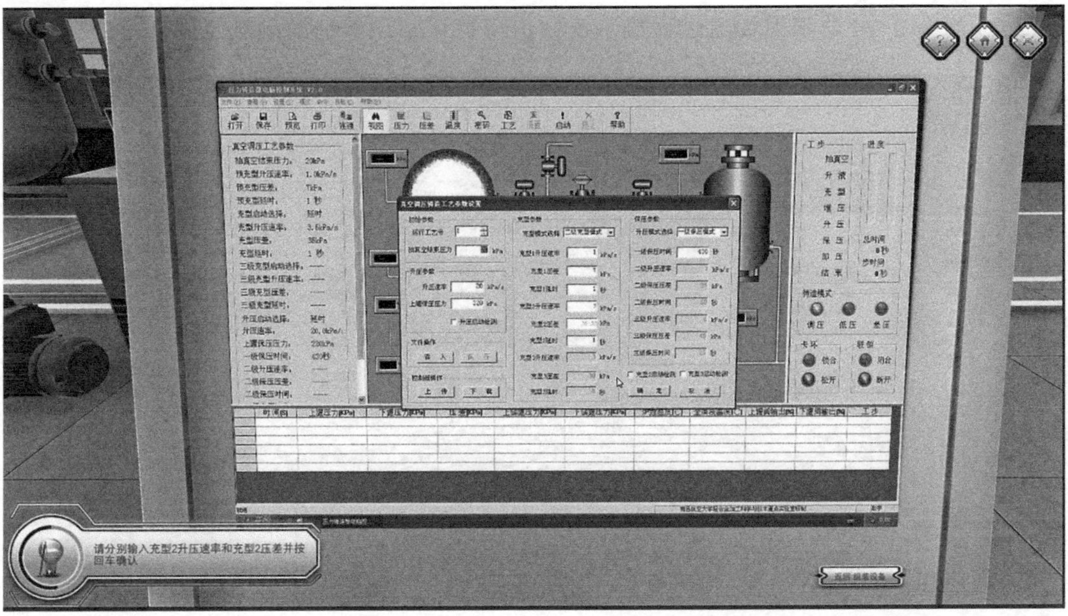

图 2-21
浇注工艺参数设置

• 铸造工艺卡。根据铸造工艺参数，生成铸造工艺卡。图 2-22 为铸造工艺卡示意图。

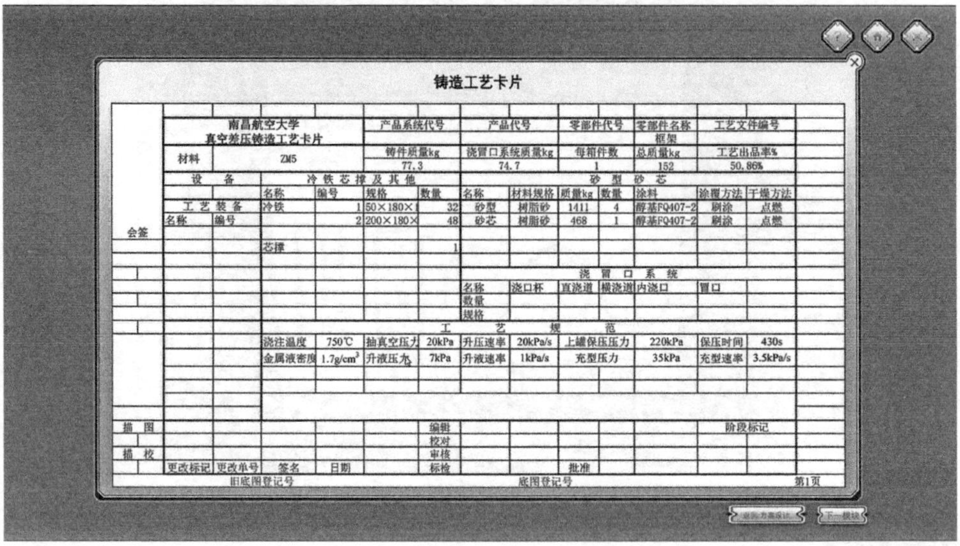

图 2-22
铸造工艺卡

• 铸造数值模拟的认知及结果显示。可以了解材料热物性参数、主要边界条件、初始条件的设置，针对两种合金、三种浇注方案对应的六组数值模拟结果，从流场、温度场、凝固体积分数、缩孔缩松缺陷等多种形式进行综合分析。铸造过程产生的铸造缺陷是系统提供的真空差压铸造过程中容易随机出现的气孔、缩孔、夹渣等常见的缺陷。图 2-23 和图 2-24 分别为铸造过程显示及数值模拟认知和铸造缺陷示意图。

图 2-23
铸造过程显示及数值模拟认知

图 2-24
铸造缺陷

③ 设计好工艺方案后，可根据相应的方案进行浇注处理，在进行浇注处理前，应该对铸件进行落砂处理。落砂包括开箱取件、落砂、去除浇冒口等工序。砂处理可选择双臂式树脂砂混砂设备、树脂砂处理系统等大型混砂及砂处理设备自行处理。图 2-25

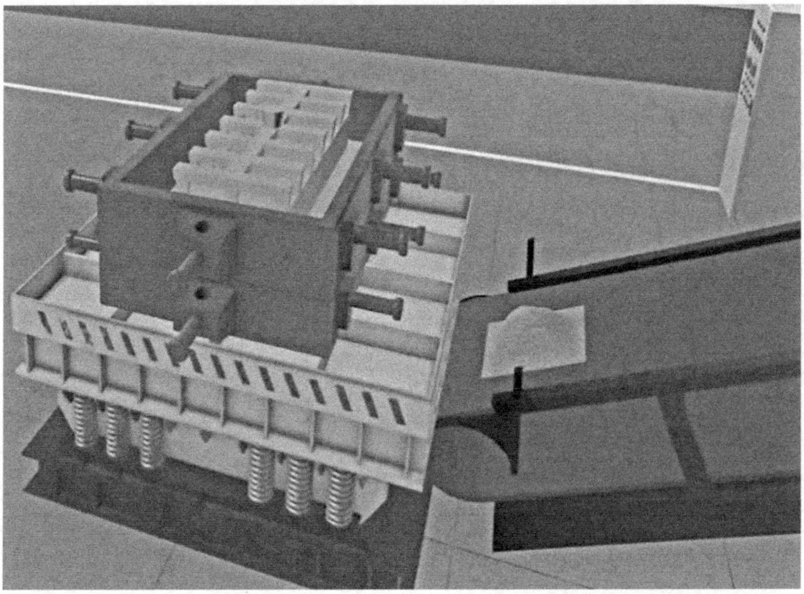

图 2-25
落砂

和图 2-26 分别为落砂和砂处理示意图。按照铸件浇注成形的方案进行浇注实验后，待铸件冷却后方可得到合格的铸件产品。

图 2-26
砂处理

（5）实验模块五：实验报告

填写实验报告。通过上述步骤完成实验操作后，点击实验报告，系统弹出实验报告，实验报告包括实验过程的各项操作、工艺参数，以及质量检测结果和分析改进措施。查看报告并按要求填写相关内容后提交，完成实验操作。

四、思考题

（1）不同类型零件进行铸造工艺设计如何选择？

（2）真空差压主要缺陷产生的主要原因是什么？

（3）熔炼前将砂箱组装后放入恒温炉进行烘干有何作用？

实验三：航空发动机整框件锻造工艺过程虚拟仿真实验

一、实验目的

仿真演示视频

知识目标：

通过航空整框件锻造全过程的虚拟仿真实验，模拟航空锻造企业的真实环境，掌握航空典型构件的锻造工艺流程，并通过锻造工艺分析和热处理工艺选择等，掌握工艺参数对锻件质量的影响。

能力目标：

培养工艺设计与仿真能力、参数优化与缺陷控制能力，以及数据驱动决策能力。

素质目标：

培养工程严谨性与创新意识及质量与安全责任意识。

二、实验原理

航空整框件锻造工艺是一种通过高温高压塑性变形将金属坯料整体成形为复杂航空结构件的高精度制造技术，其核心原理包括材料流变控制和微观组织调控，进而实现控形控性成形。该工艺通常选用钛合金、高强度铝合金、超高强度钢等材料，通过精确加热、精密锻造、控温冷却及热处理等步骤，解决变形不均、充填不满等技术难点，最终获得高强度、轻量化且无连接弱点的整体构件。由于该类锻件锻造过程工序多、流程长、影响因素复杂，难以通过传统实验进行教学。而虚拟仿真实验方法为解决上述问题提供了有效路径。

本实验以钛合金航空整框件锻造工艺为例进行虚拟仿真实验，其成形设备为液压机。相比于锤锻机、机械压力机等设备，液压机结构简单，操作方便，液压元件的标准化、系列化、通用化的程度较高，最突出的优点是容易获得大的压力，特别适合钛合金等难变形金属材料的锻造成形。而钛合金锻造过程中复杂的加热、变形、冷却过程会发生复杂的组织转变，唯有在合适工艺参数下的特定组织进行成形，才可实现组织性能的有效调控。为此，本实验从锻造全流程角度开展虚拟仿真实验，增强理论与实践的结合。

三、实验内容及步骤

本实验主要是从锻造全流程角度对航空整框件锻造过程进行虚拟仿真实验，涉及下料、加热、自由锻、模锻、热处理等工序，主要包括“实验目的”“实验原理”“设备认知”“实验方案设计”“实验操作”和“实验成绩”六大模块。图 3-1 为本实验的初始界面，点击“开始实验”之后即可进入模块化学习，如图 3-2 所示。

（1）实验模块一：实验目的

首先，进入“实验目的”模块，如图 3-3 所示。通过该模块，了解本实验的目的、流程、意义等。

（2）实验模块二：实验原理

随后，进入“实验原理”模块，如图 3-4 所示。在该模块学习五方面内容，包括:

图 3-1
初始界面

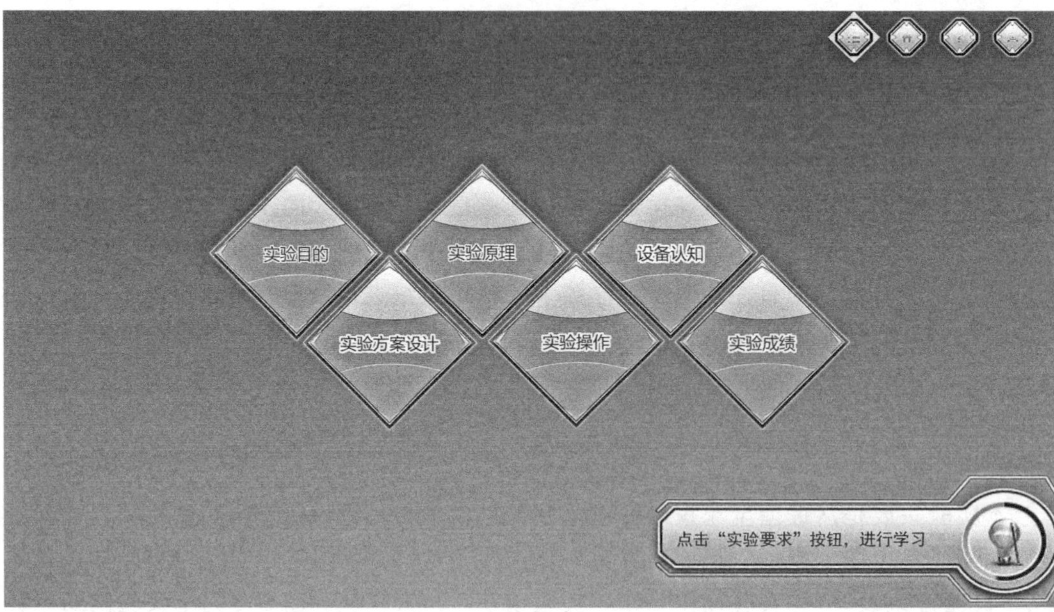

图 3-2
模块选择

①锻造车间功能、布局及安全生产知识；②锻造工艺典型设备认知；③钛合金热处理工艺过程及参数设定；④自由锻工艺过程及主要参数；⑤模锻工艺过程及主要参数。上述内容在该模块中依次点击各标题即可进入学习。通过上述学习，学生可对整个虚拟仿真实验有初步认识。

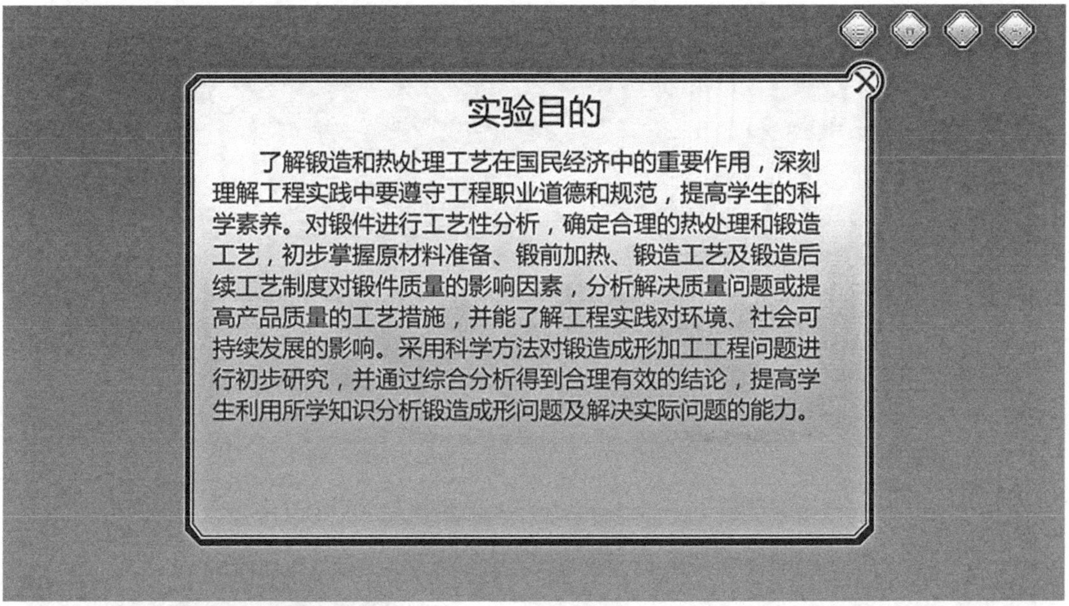

图 3-3
实验目的

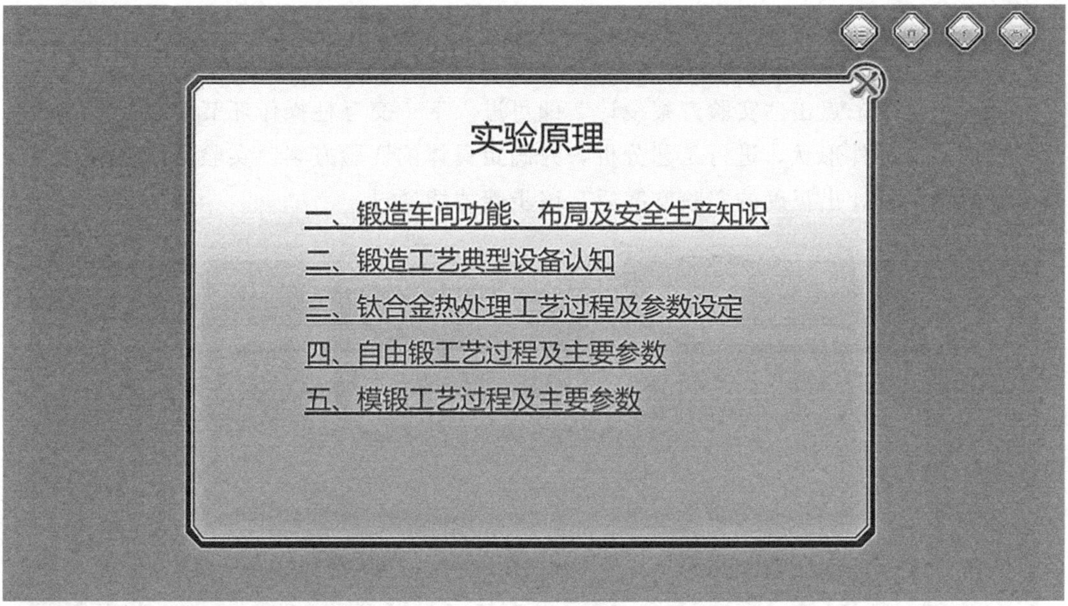

图 3-4
实验原理

（3）实验模块三：设备认知

完成上述理论知识预习后，可点击“设备认知”进入实验模块三，如图 3-5 所示。在该模块通过键盘“W”“S”“A”“D”键及鼠标的协同控制，可实现在虚拟锻造车间中以期望的视角进行参观学习，了解不同设备的组成、特征及其控制等，熟悉典型的锻造工艺设备。

图 3-5
设备认知

(4) 实验模块四：实验方案设计

回到主菜单，点击“实验方案设计”即可进入下一交互性操作环节。根据图 3-6 所示锻造前后的零件形状，进行工艺分析，并确定具体的实验方案。实验方案设计过程如图 3-7 所示。设计出正确的实验方案后，该步骤才能通过。

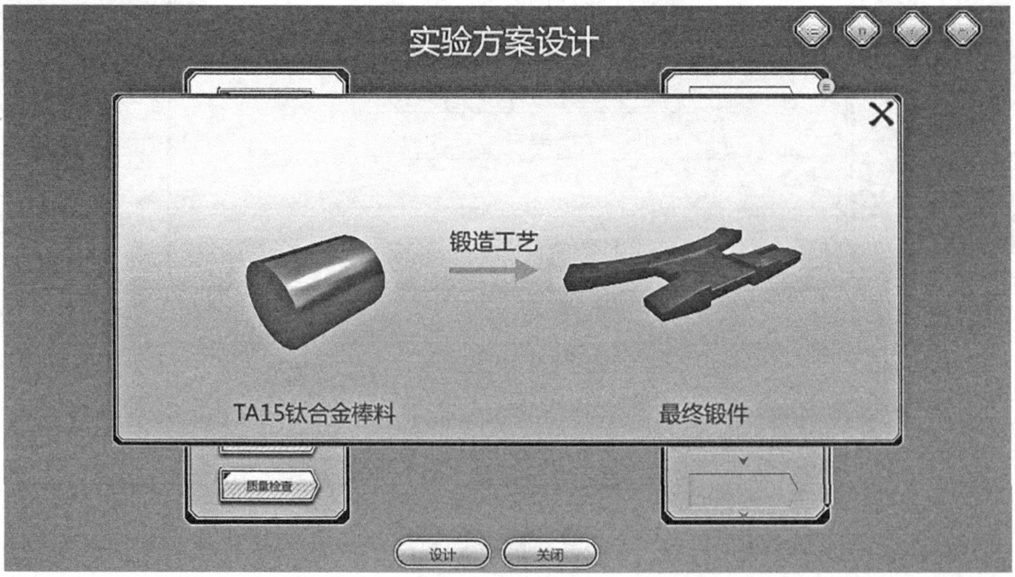

图 3-6
锻造前后的零件形状

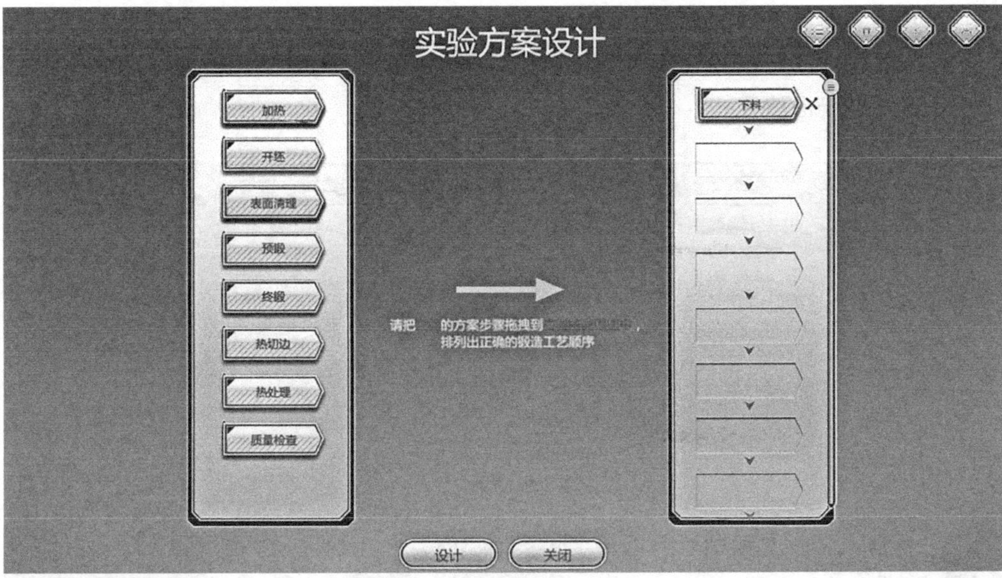

图 3-7
实验方案设计

(5) 实验模块五：实验操作

在实验方案设计完成后，即可进入模块五的“实验操作”环节，具体实施上述设计的实验方案。实验操作模块包括切割原材料、加热、开坯、表面清理、再次加热、预锻、二次表面清理、终锻、热切边、热切边表面清理、热处理、第三次表面清理、质检和探伤。具体过程如下所述。

① 切割原材料。根据锻件尺寸计算下料尺寸，然后进行毛坯尺寸选择，如图 3-8

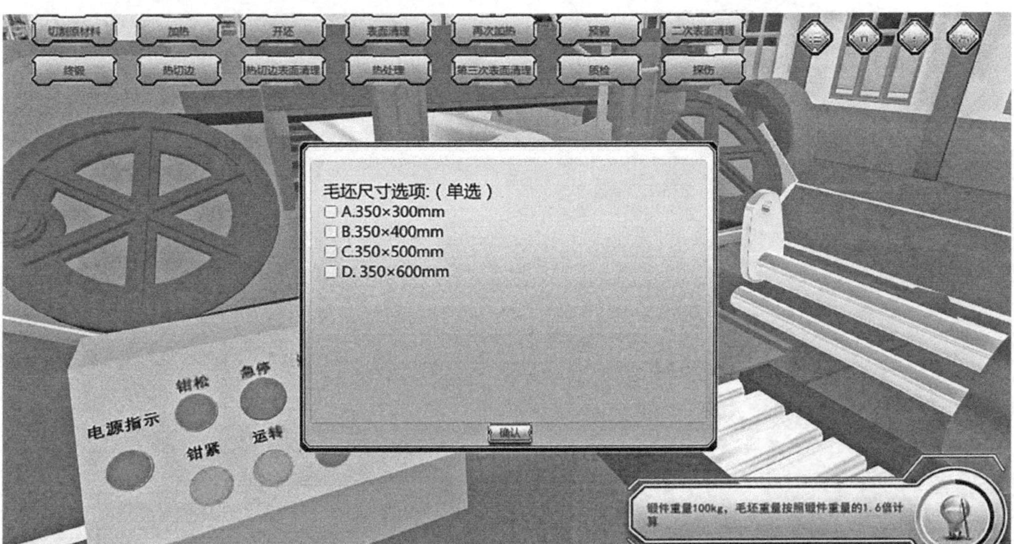

图 3-8
下料尺寸确定

所示。确定好毛坯尺寸后在锯床上进行退刀操作，旋转标尺，设定下料长度，点击棒料进行进料，然后钳紧，松开标尺后点击进刀，开始运转，切削棒料，如图 3-9 所示。完成切削后要记得点击停止。

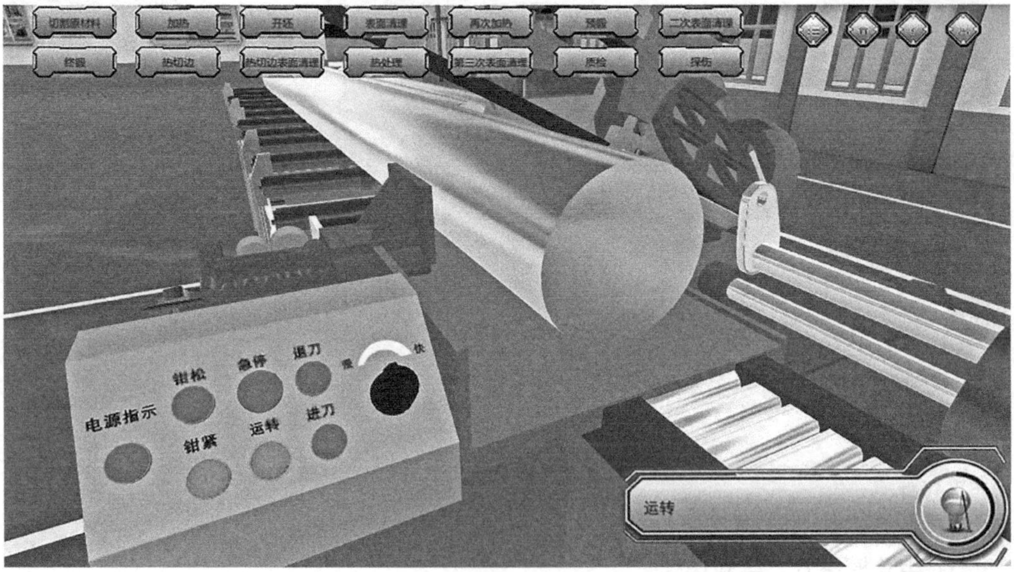

图 3-9
切削棒料

② 加热。下料完毕后，点击切削好的棒料送入加热炉。此时，需根据 TA15 钛合金的可锻性和开坯锻造温度范围设置加热温度和保温时间，进行坯料预热，如图 3-10 所示。

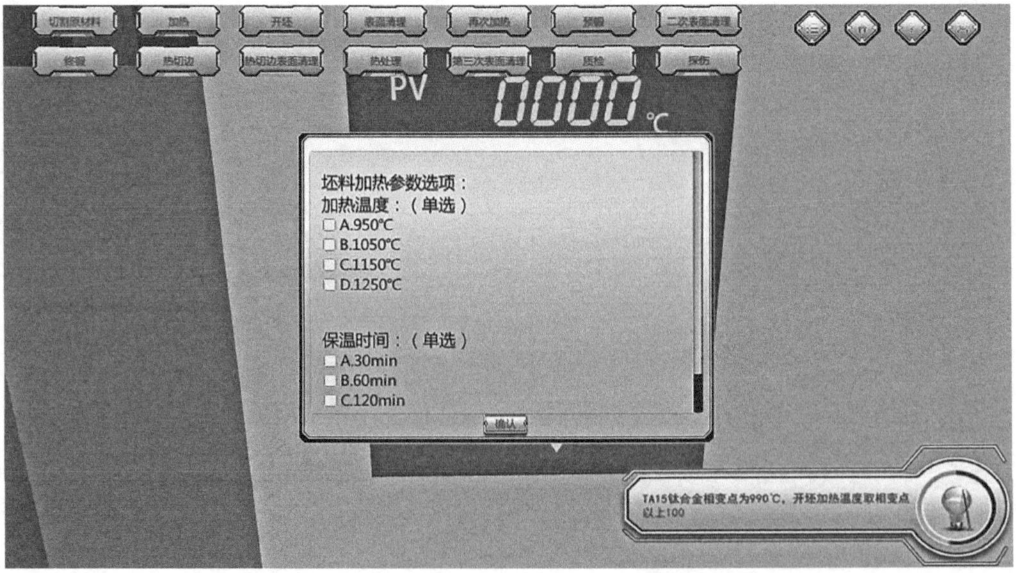

图 3-10
设置加热参数加热棒料

③ 开坯。加热炉加热完毕后，传送带及机械手协同作用将坯料移送至压力机上进行自由锻。需要根据自由锻基本工序、辅助工序、修整工序的特点和锻件形貌特征进行自由锻工序设计，确定自由锻工序，如图 3-11 所示。随后设备会根据设定的工序进行自由锻，如图 3-12 所示。

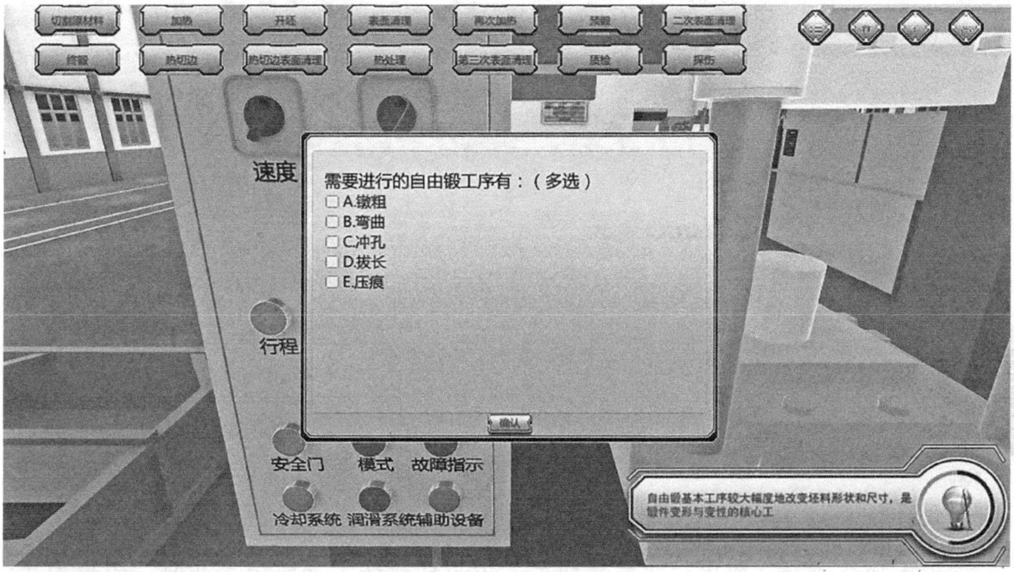

图 3-11
自由锻工序设计

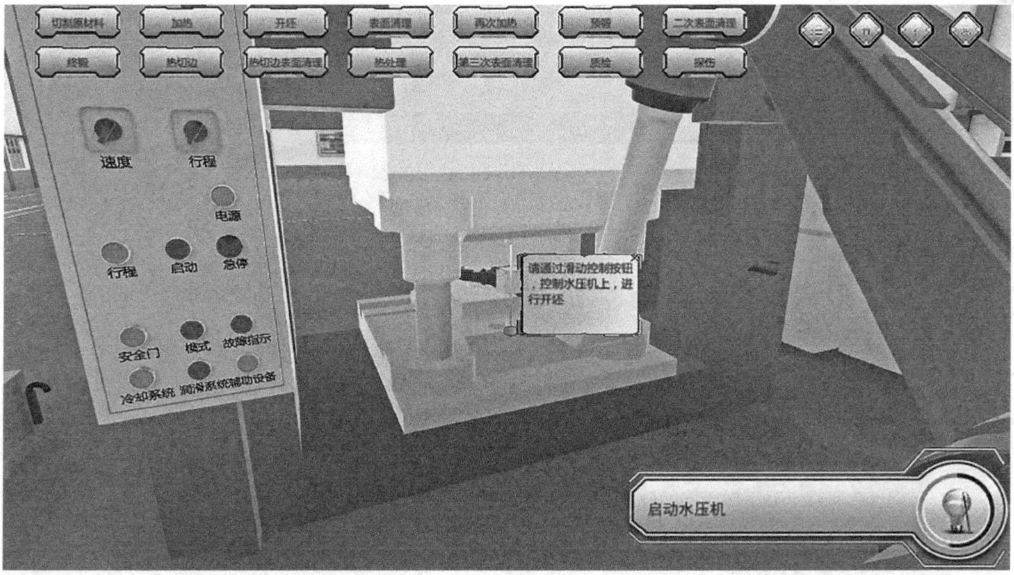

图 3-12
自由锻过程

④ 表面清理。采用喷砂机对自由锻件进行喷砂处理，清理表面的氧化层，如图 3-13

所示。

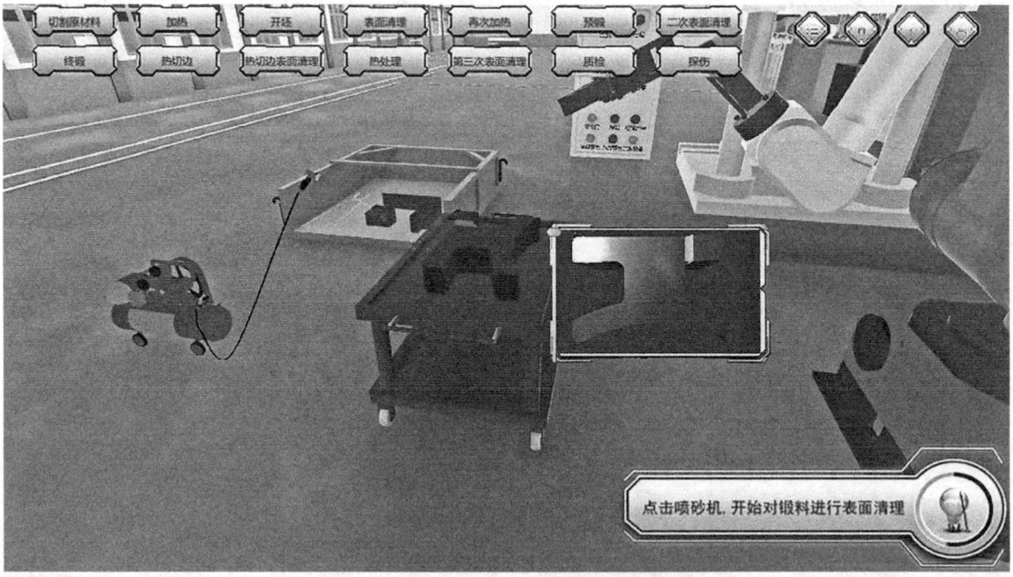

图 3-13
表面清理

⑤ 再次加热。对坯料进行表面清理后，再将坯料放入加热炉。此时，需根据 TA15 钛合金的模锻温度范围和需要得到的微观组织特征进行加热温度和加热时间设置，如图 3-14 所示。

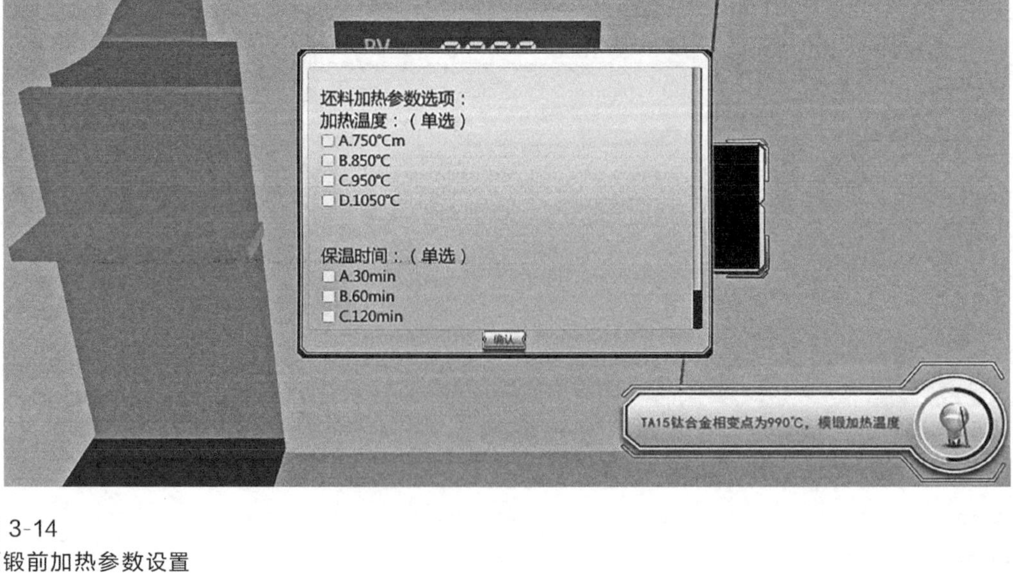

图 3-14
预锻前加热参数设置

预锻前液压机上的模具也应进行预热，此时，需根据钛合金模锻特点和所选择的模具材料类型进行模具预热温度设置，如图 3-15 所示。

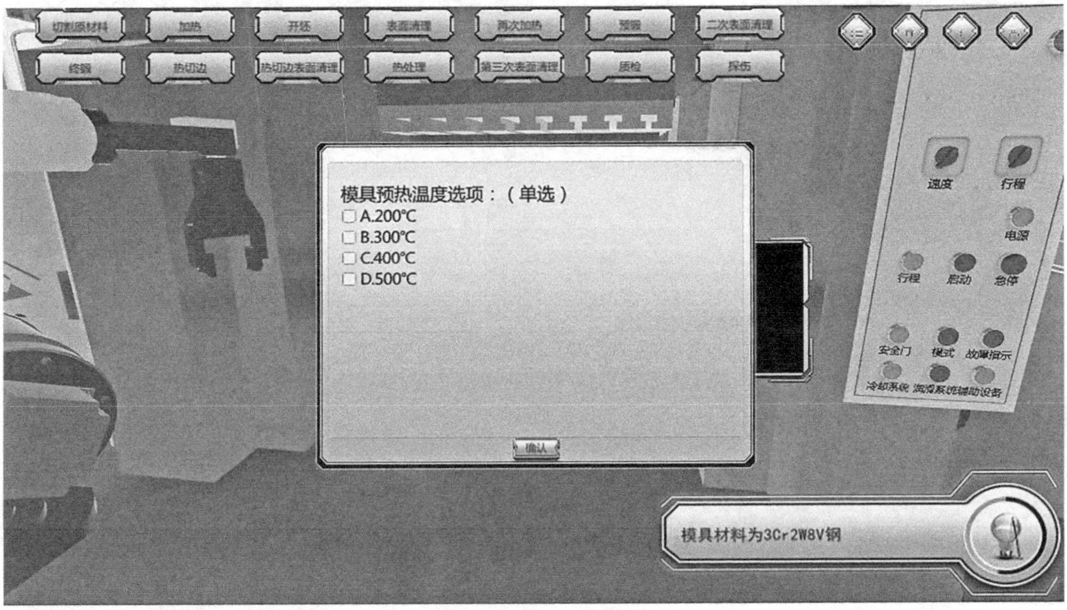

图 3-15
预锻模具预热

⑥ 预锻。随后对坯料进行预锻，如图 3-16 所示。

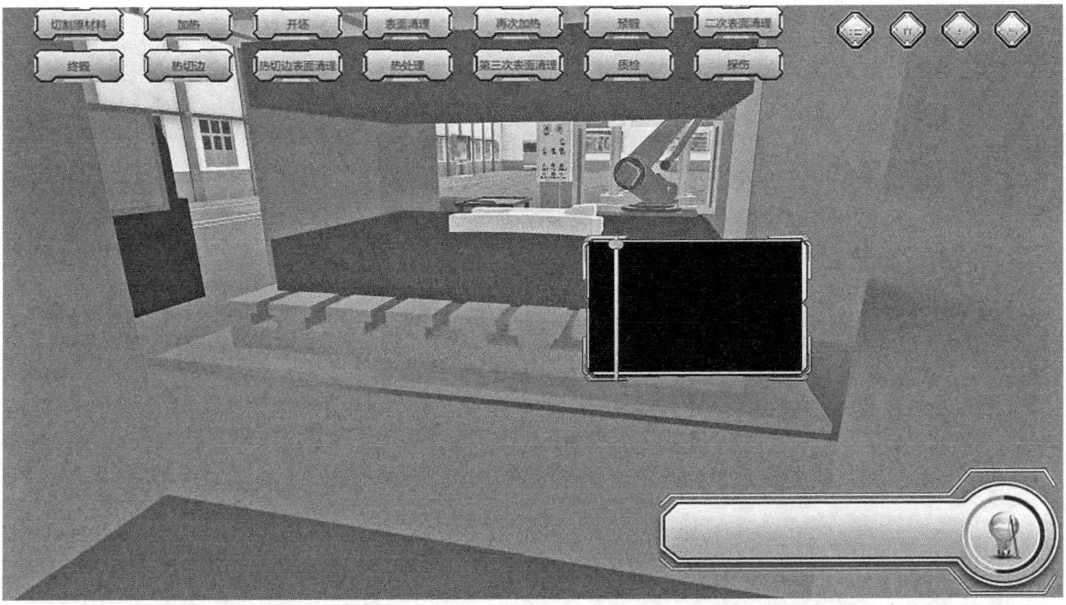

图 3-16
预锻过程

⑦ 二次表面清理。对预锻件进行表面清理，清除氧化层等，如图 3-17 所示。

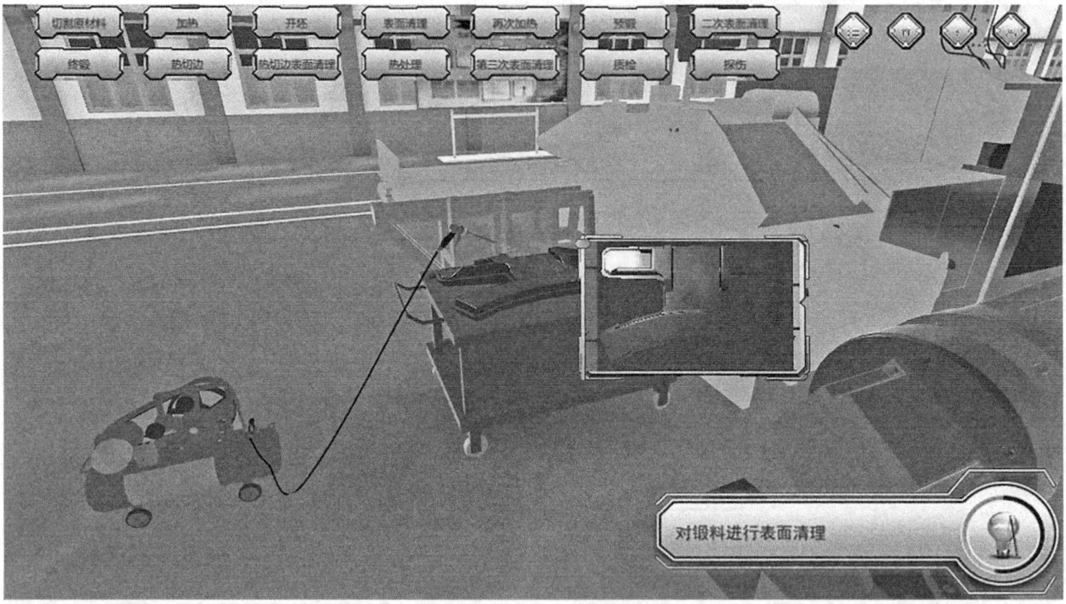

图 3-17
预锻件表面清理

⑧ 终锻。终锻前将坯料放入加热炉进行加热。此时，需根据 TA15 钛合金的模锻温度范围和最终得到的锻件形状、微观组织特征进行加热温度和保温时间设置，如图 3-18 所示。

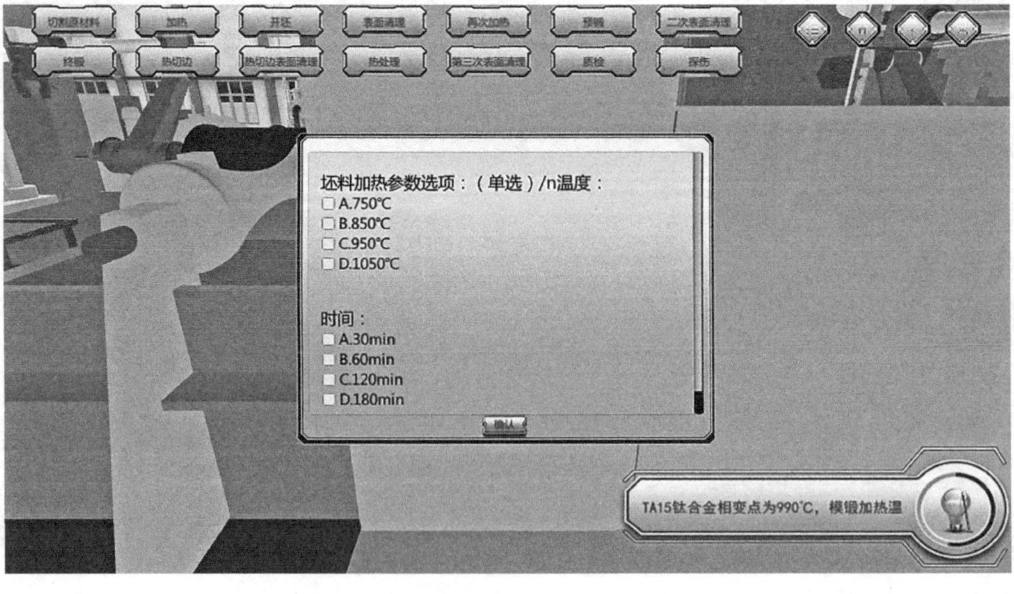

图 3-18
终锻前加热

在坯料加热过程中，迅速更换液压机上的模具，并对液压机上的模具进行预热。此时，需根据钛合金模锻特点和所选择的模具材料类型进行模具预热温度设置，如图 3-19 所示。随后，在终锻模具中对预锻件进行终锻，进而获得期望的形状，如图 3-20 所示。

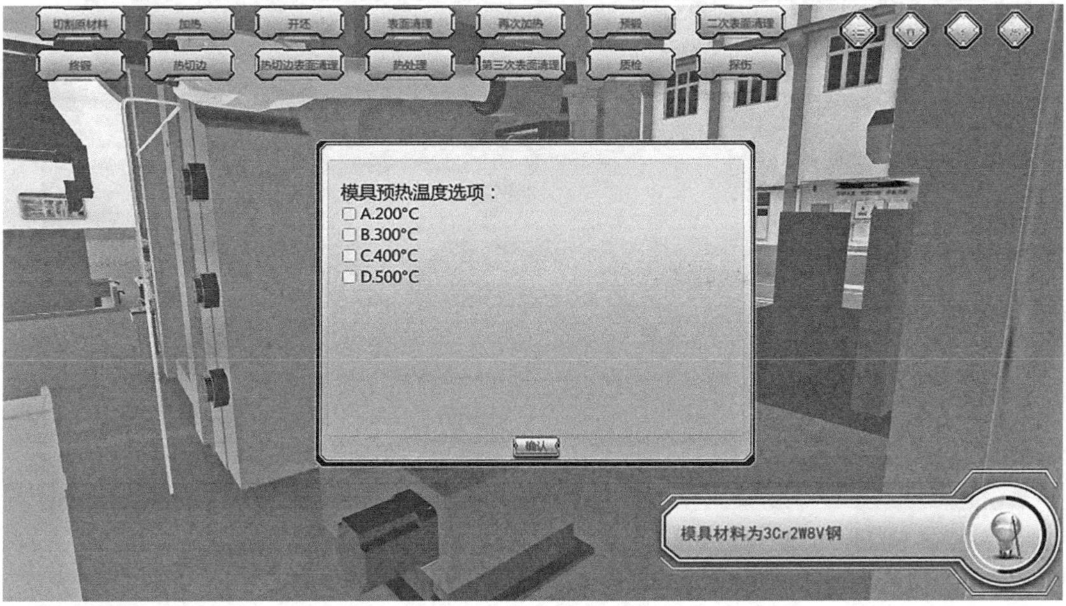

图 3-19
终锻模具预热

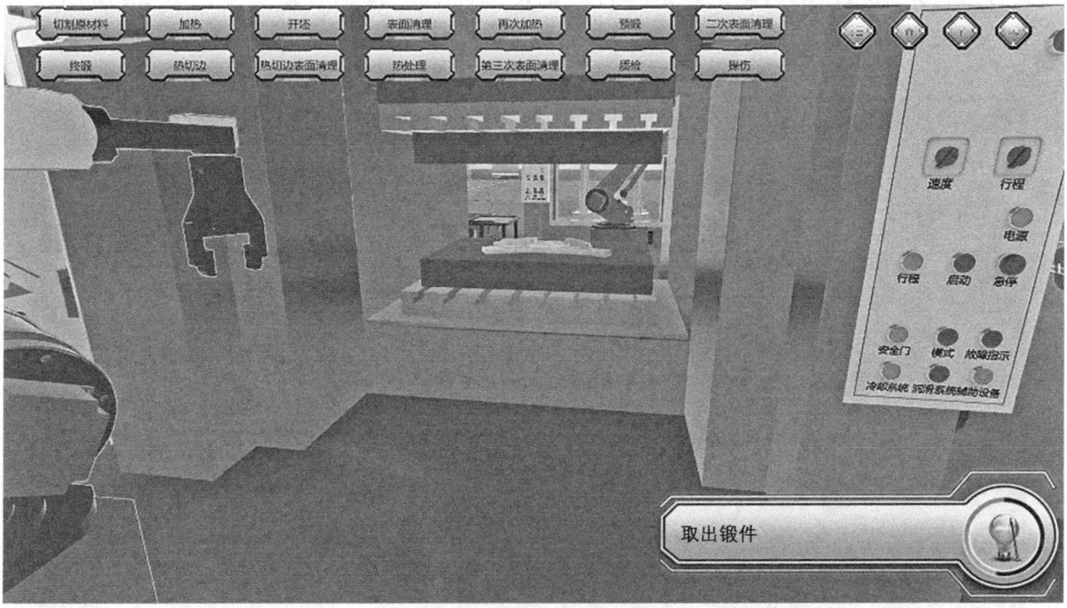

图 3-20
终锻过程

⑨ 热切边。终锻结束后直接进行热切边，切除模锻过程产生的飞边，如图 3-21 所示。

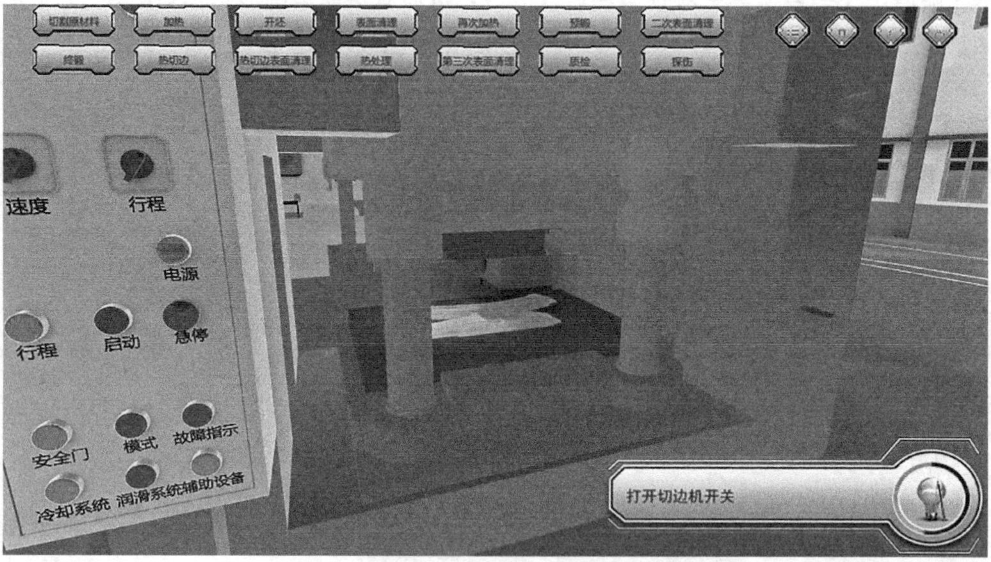

图 3-21
热切边

⑩ 热切边表面清理。在切边完成后需确定锻件冷却方式，根据冷却速度从快到慢，冷却方式有：水冷、空气中冷却（空冷）和灰砂中冷却（灰砂冷）。需要根据不同冷却方式对锻件组织和性能的影响来选择合理的冷却方式和冷却介质，如图 3-22 所示。对冷却后的锻件再次进行表面处理，如图 3-23 所示。

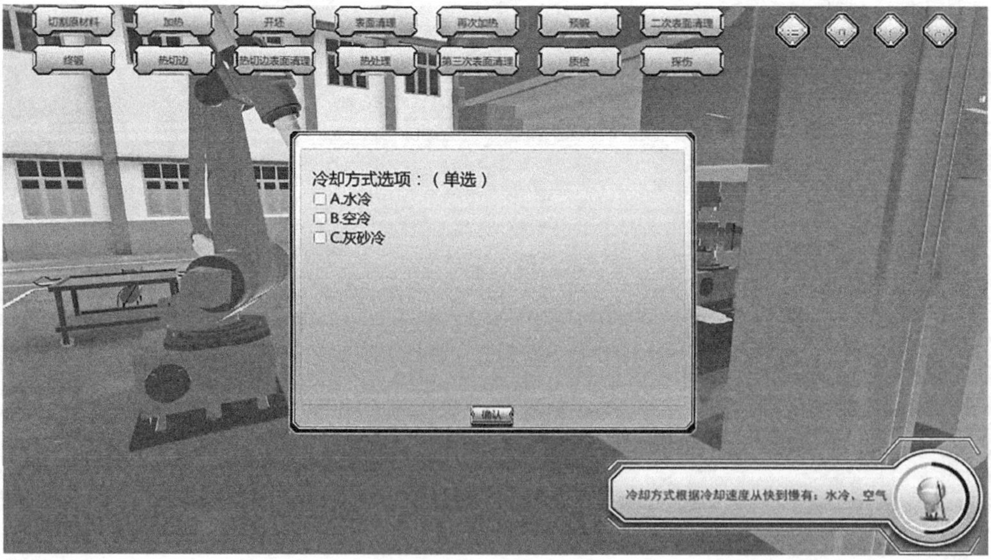

图 3-22
锻件冷却方式选择

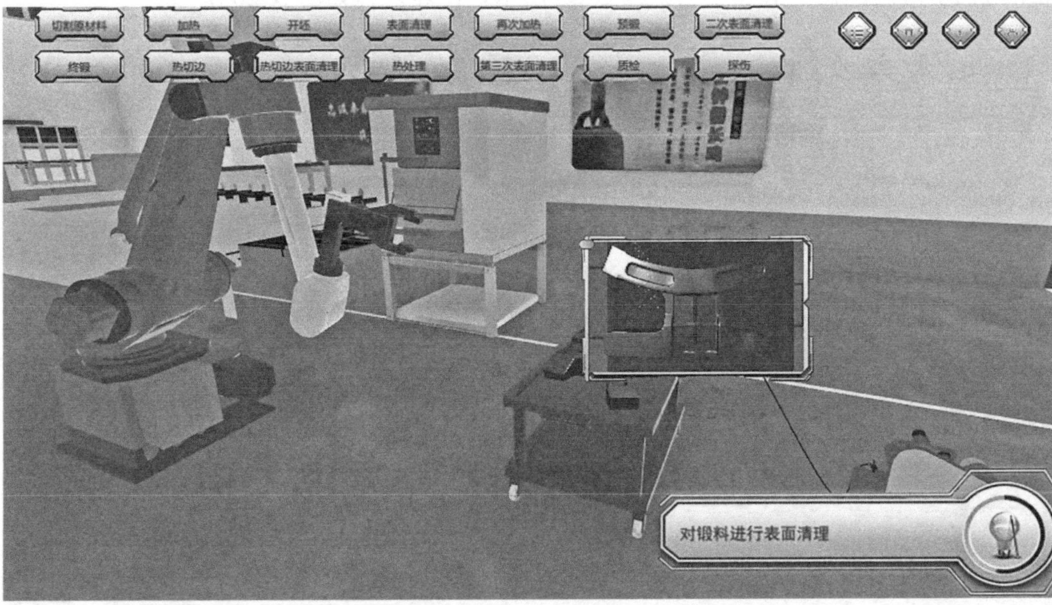

图 3-23
锻件表面清理

⑪ 热处理。对终锻件进行完全退火处理，确保组织和相成分均匀，降低硬度，提高塑性，获得稳定的或具有一定综合性能的显微组织，如图 3-24 所示。

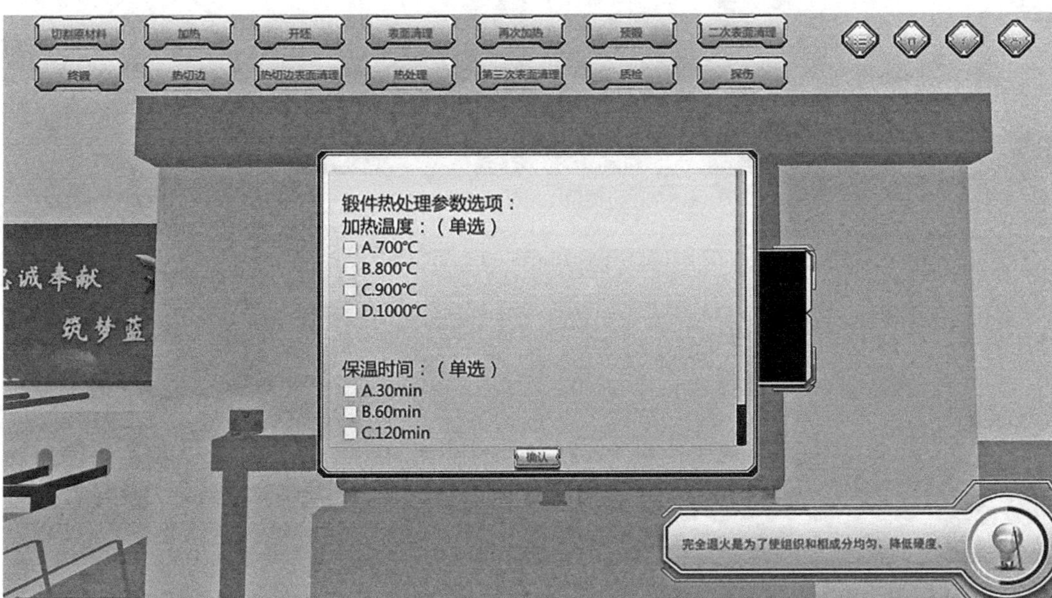

图 3-24
终锻件热处理

⑫ 第三次表面清理。本次表面清理是为了清除钛合金表面的氧化层和 α 壳层，因

此采用化学清洗。化学清理工艺如图 3-25 所示，清理过程如图 3-26 所示。

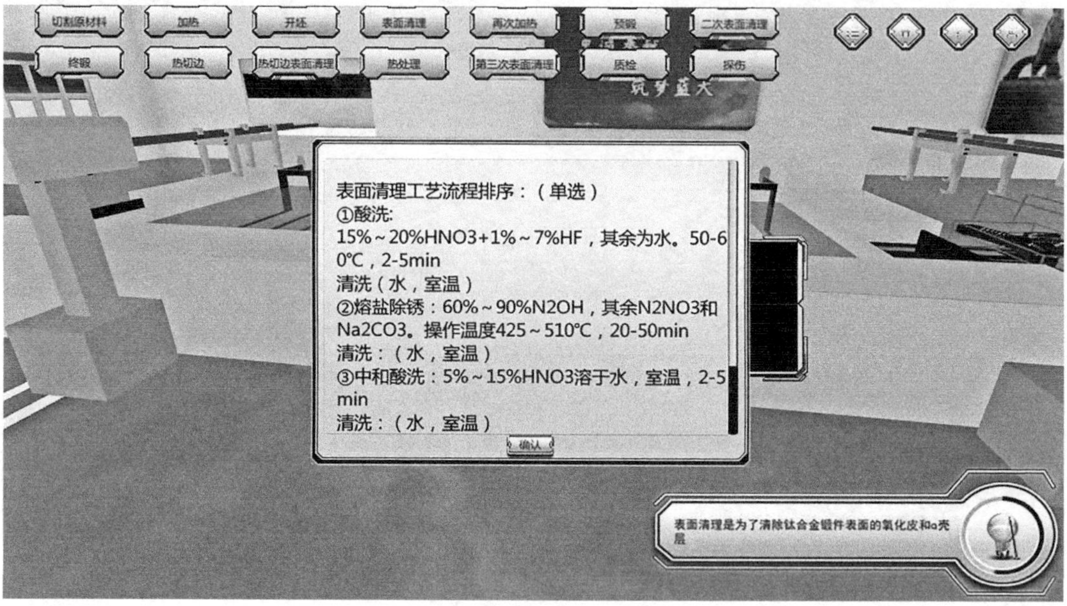

图 3-25
化学清理工艺

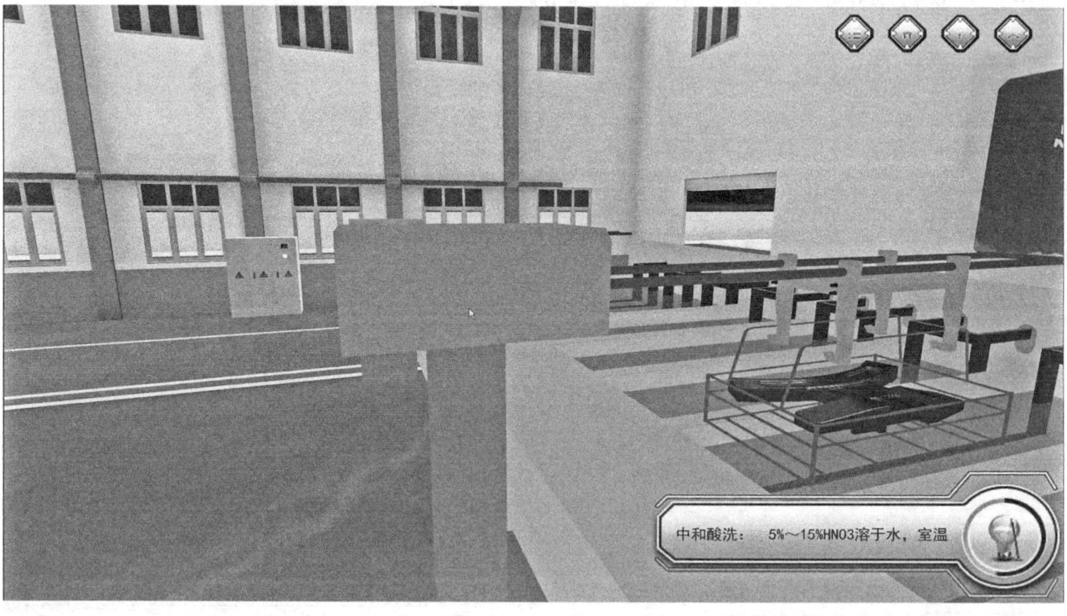

图 3-26
第三次表面清理过程

⑬ 质检。采用清洁剂对锻件表面进行清洁，并将渗透剂覆盖被测零件的表面且保持 5～8min，最后使用显像剂将零件表面缺陷内的渗透剂吸附至零件表面，形成清晰可

见的缺陷图像，如图 3-27 所示。

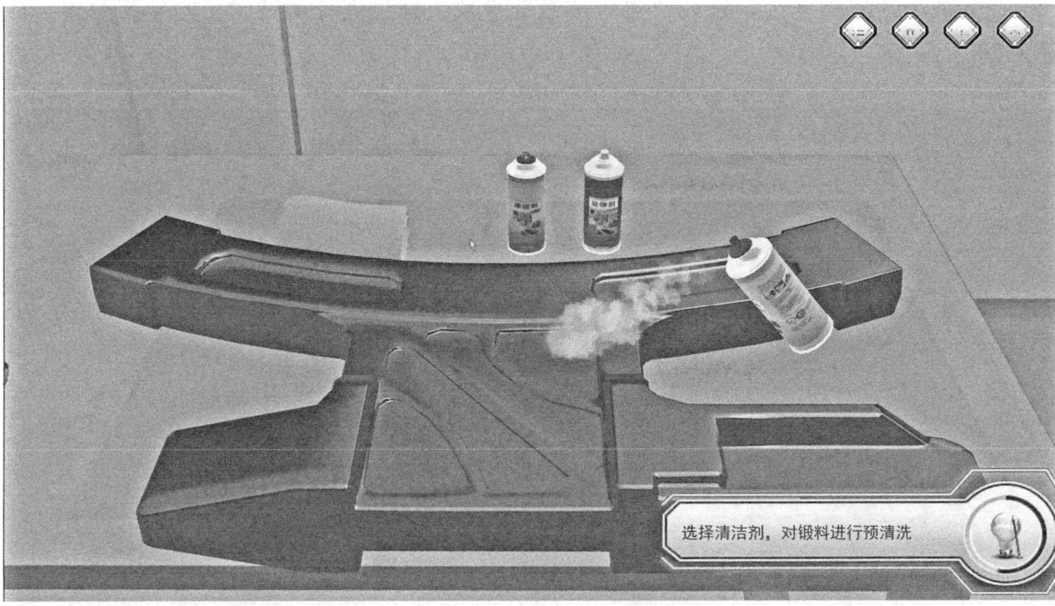

图 3-27
质检过程

⑭ 探伤。最后利用超声设备对锻件进行超声探伤，检测锻件内部是否有缺陷，如图 3-28 所示。

图 3-28
超声探伤过程

（6）实验模块六：实验成绩

在完成上述实操之后，进入“实验成绩”模块。通过理论测试，检验学习效果，如图 3-29 所示。

图 3-29
理论测试

四、思考题

（1）开坯锻造温度、加热温度和保温时间等对锻件组织性能有什么影响？

（2）自由锻工序设计对零件成形质量有什么影响？

（3）不同冷却方式对锻件性能有什么影响？

实验四：航空发动机钛合金盘件成形过程中的信号检测虚拟仿真实验

一、实验目的

仿真演示视频

知识目标：

通过对航空钛合金盘件成形过程中的信号检测虚拟仿真实验，模拟航空锻造企业的真实环境，掌握典型航空零件锻造过程检测信号，通过物理信号反馈，掌握锻造工艺参数与锻件质量之间的关系。

能力目标：

培养信号采集与分析能力、缺陷诊断与工艺优化能力，以及虚拟-现实结合能力。

素质目标：

培养严谨性与数据驱动思维，以及安全与风险意识。

二、实验原理

以航空发动机涡轮盘为代表的航空钛合金盘类构件服役环境极其苛刻，其成形质量直接关系到航空发动机的服役性能和服役寿命。在航空钛合金盘类构件的锻造成形过程中，由于经历复杂的加热、变形、冷却过程，其组织性能极难控制和预测。唯有精确控制锻造成形过程的工艺参数，才可实现其组织性能的精确调控。锻造成形过程的温度场、速度场等信号参数的准确检测是实现工艺参数精确控制的基础。

为此，本实验以钛合金盘件成形过程中信号检测为例，开展虚拟仿真实验，具体涉及模锻工艺过程、特殊点选取、仿真模拟、信号检测系统的基本组成和功能、压力传感器及其工作原理、温度传感器及其工作原理、应变检测计及其工作原理等。通过应力、应变、温度、载荷等实时变化数据的采集，预测可能存在的缺陷。通过不同工艺方案进行模拟分析，实现工艺的优化，确定工艺方案和主要工艺参数。

三、实验内容及步骤

本实验是围绕航空盘类锻件的锻造过程信号检测开展虚拟仿真实验，主要包括三大模块，分别是认知模块、学习模块和考核模块。其中，认知模块涉及实验目的、实验原理、设备认知、工艺方案认知；学习模块又可称为实验操作模块；最后是考核模块。图 4-1 为本实验的初始界面，点击“开始实验”即可进入模块化学习，如图 4-2 所示。

（1）实验模块一：认知模块

进入认知模块。该模块涉及实验目的、实验原理、设备认知、工艺认知以及方案认知，如图 4-3 所示。

① 实验目的。在进入实验之前，需要对实验目的进行预习，如图 4-4 所示。

② 实验原理。进一步学习实验的具体原理，如图 4-5 所示。

③ 设备认知。在完成理论知识预习后，点击“设备认知”，可选择不同的传感器设备以及设备上的不同部分进行设备结构、特征和控制等方面的操作学习，熟悉典型的压力、温度、应变测量传感器设备，如图 4-6 所示。

④ 工艺认知。学习本实验具体涉及的工艺原理、特点，以便后续更容易理解具体工艺方案，如图 4-7 所示。

图 4-1
初始界面

图 4-2
模块选择

图 4-3
认知模块

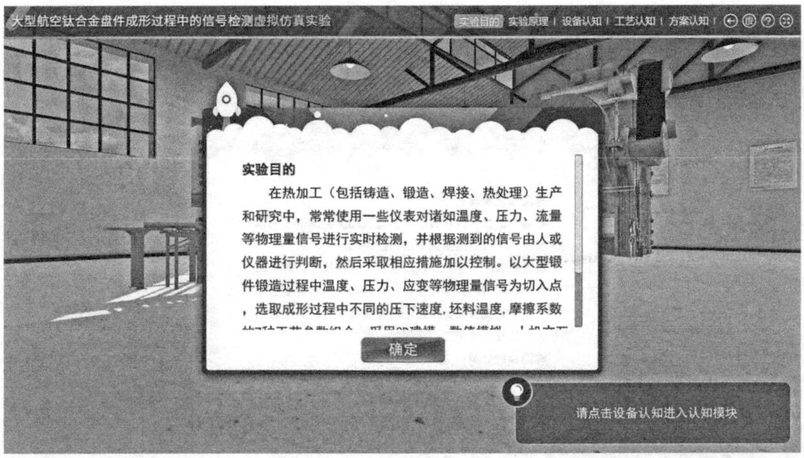

图 4-4
实验目的

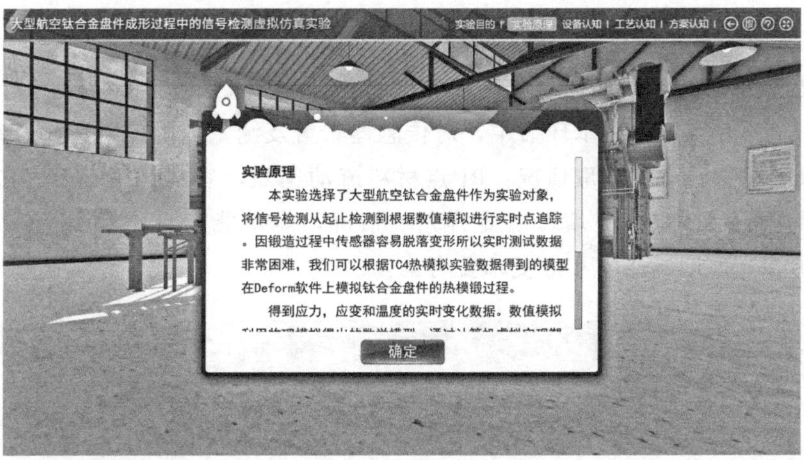

图 4-5
实验原理

图 4-6
设备认知

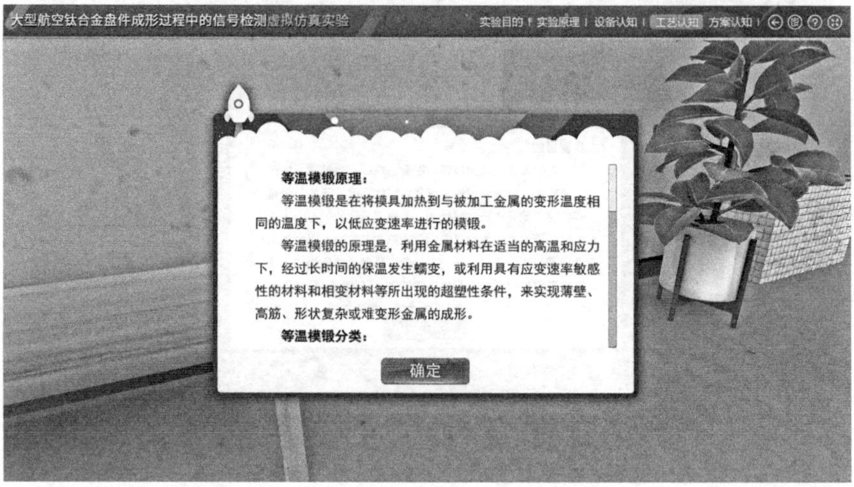

图 4-7
工艺认知

⑤ 方案认知。需要根据钛合金盘件成形特点及虚拟检测设备的特性设计合理的工艺方案，如图 4-8 所示。在本环节中，对传感器布置及测量点的位置选择方案进行认知学习，可以了解特殊点的选取情况：P1 点材料流动剧烈，容易产生温升；P2 点变形不大，主要看应变；P3 点难充填，主要看充填情况，能不能充满；P4 点看变形和压力；P5 点处于中心，温度、压力和应变都要考虑。

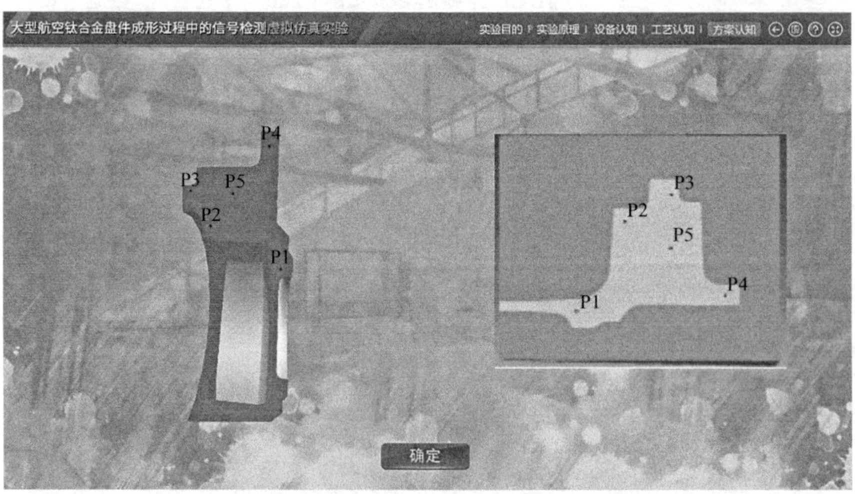

图 4-8
方案认知

(2) 实验模块二：学习模块

在完成初步理论学习后，正式进入人机交互阶段，具体包括以下几个部分。

① 下料。在锯床上进行切割，获得初始的坯料，如图 4-9 所示。

图 4-9
下料

② 加热。设定好加热温度和加热时间，在加热炉对坯料进行加热，如图 4-10 所示。

③ 开坯。将加热完成的坯料在压力机上进行制坯工序，获得具有初步形状的结构，如图 4-11 所示。

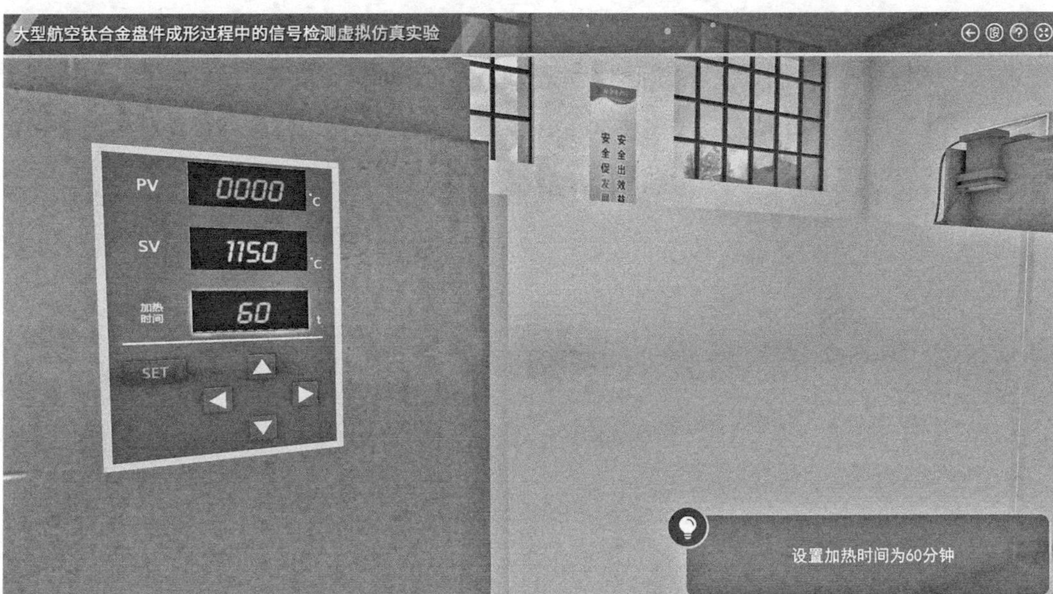

图 4-10
初始坯料加热

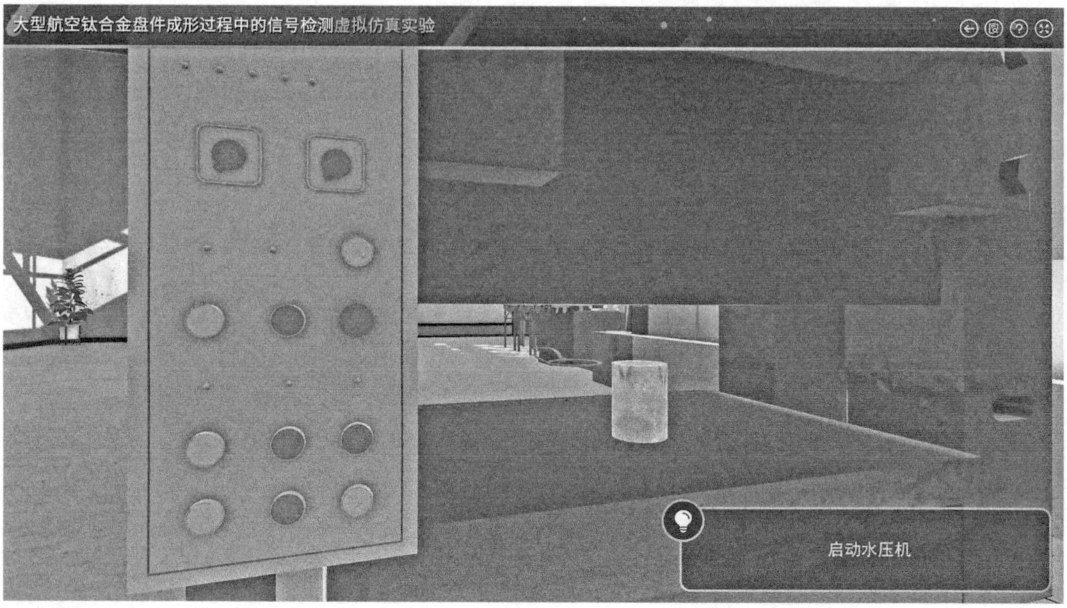

图 4-11
开坯工序

④ 模锻。在模锻压机上对上述坯料进行模锻，进而获得满足组织性能需求的锻件，如图 4-12 所示。

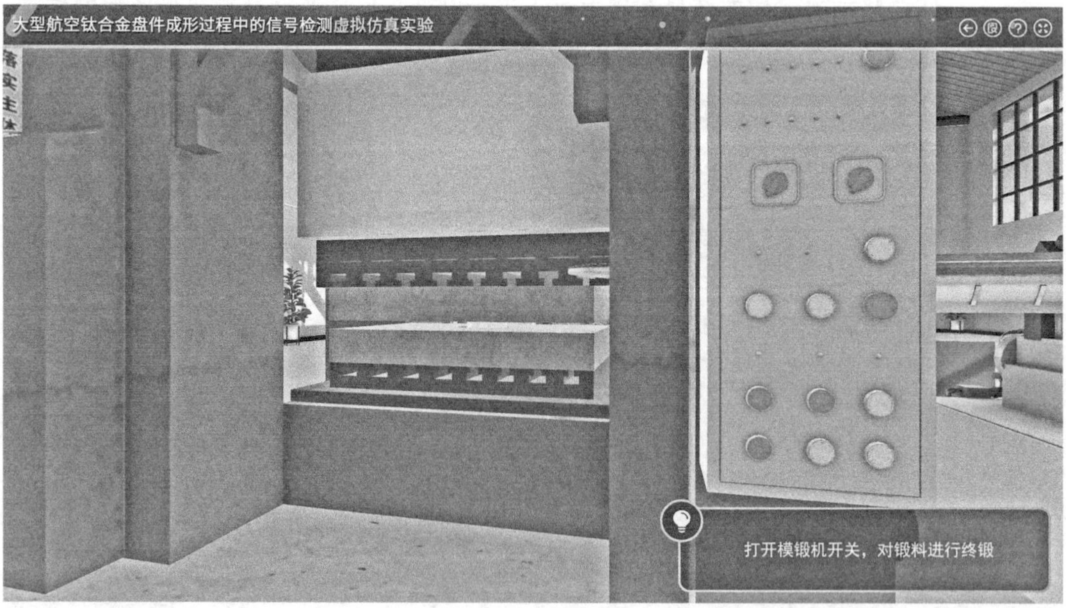

图 4-12
模锻工序

为精确控制锻造成形过程的组织性能，利用 DEFORM 软件模拟分析压下速度为 3mm/s、坯料温度为 935℃、摩擦系数为 0.2 时，锻造成形过程的锻件形状变化，以及特征点的应变、应力、温度和载荷变化，分别如图 4-13～图 4-17 所示。根据上述信号变化，判定该变形条件是否合适。

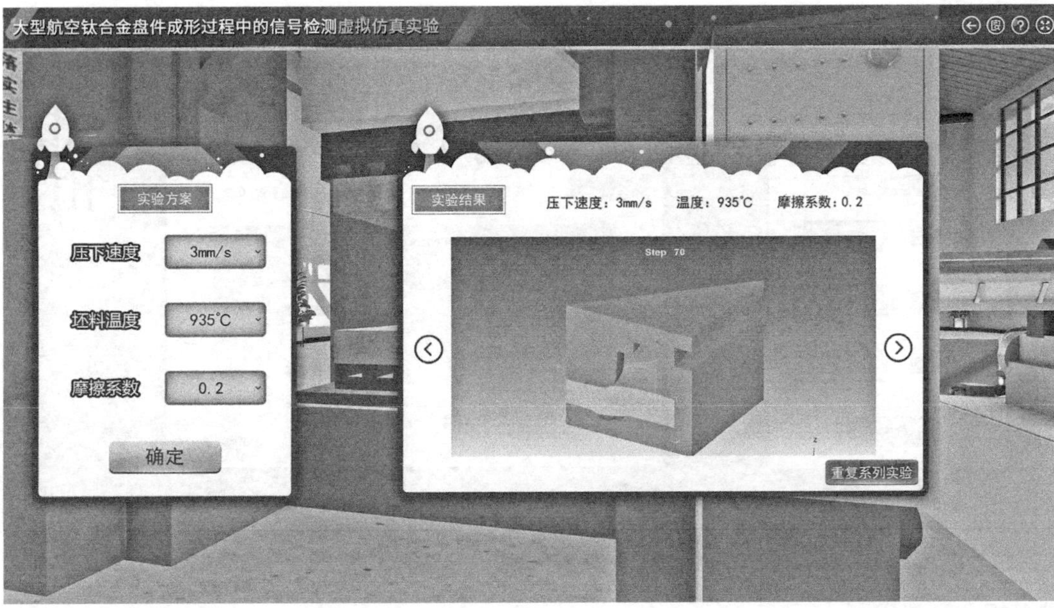

图 4-13
模锻过程形状变化

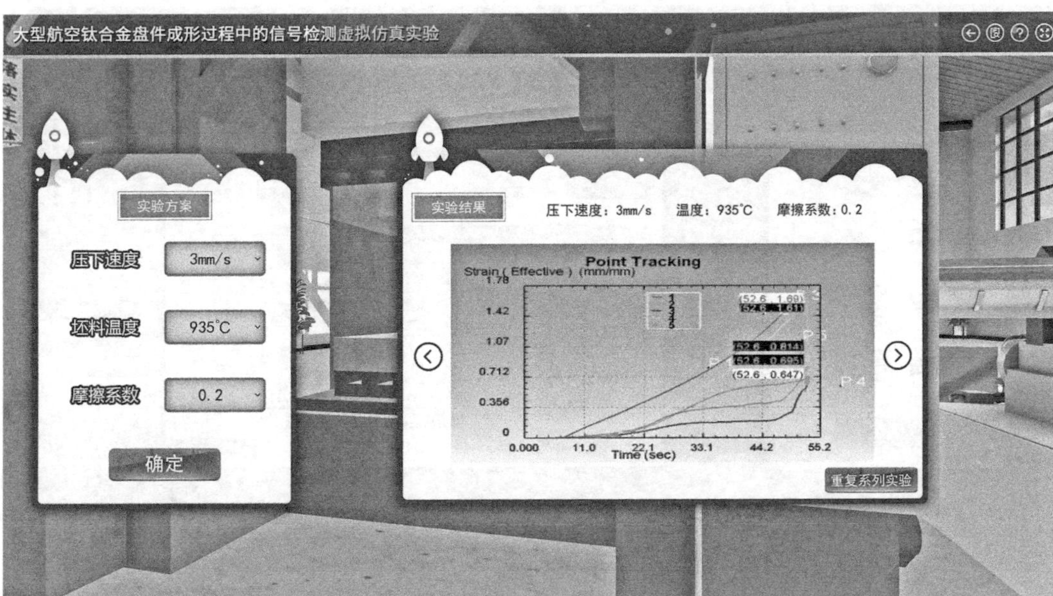

图 4-14
模锻过程应变变化

由于影响锻件成形质量的因素众多，为了实现锻件的控形控性成形，通过重复实验研究不同压下速度、坯料温度和摩擦系数对锻件成形质量的影响。重复上述步骤分析压下速度对最终锻件成形质量的影响，发现压下速度为 3mm/s 时成形质量最好，如图 4-18 所示。

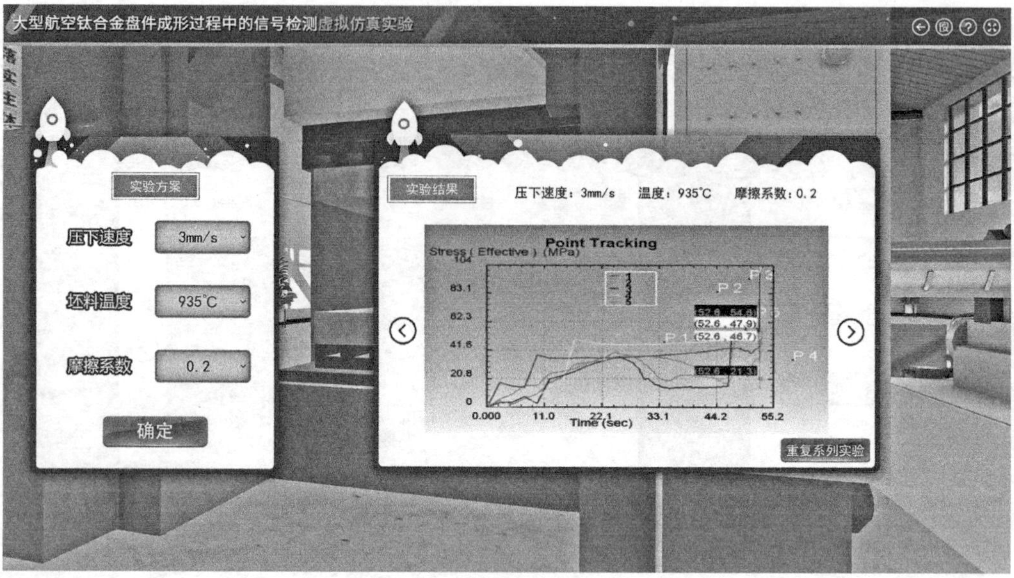

图 4-15
模锻过程应力变化

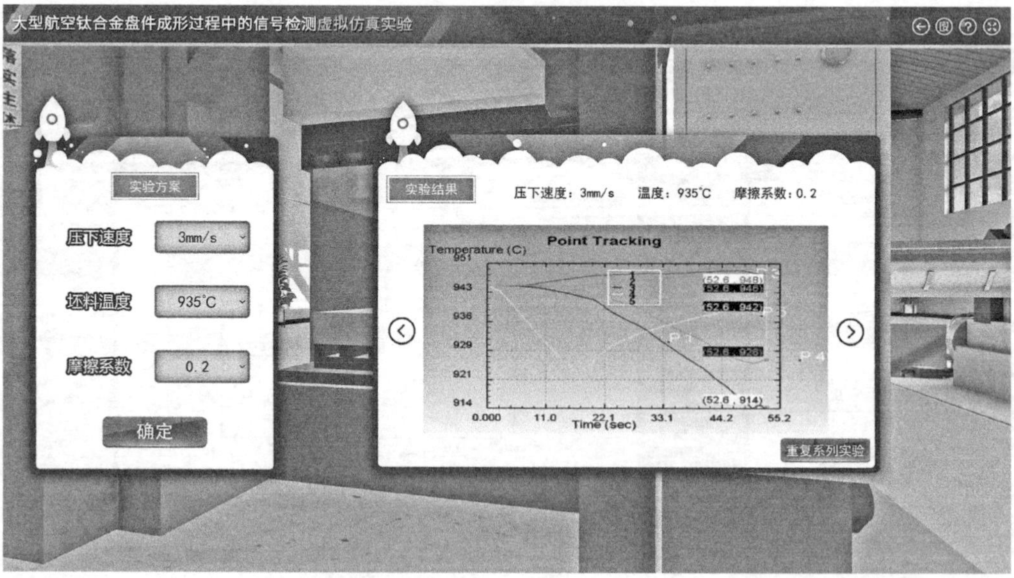

图 4-16
模锻过程温度变化

（3）实验模块三：考核模块

① 工艺过程设计考核。进行工艺过程的检查排序，进一步熟悉实验过程，加强知

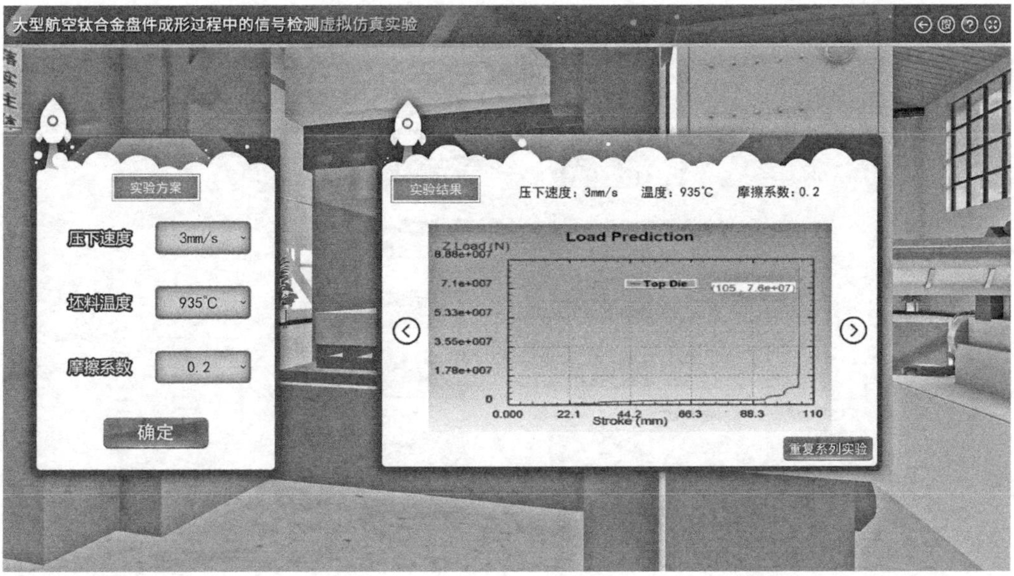

图 4-17
模锻过程载荷变化

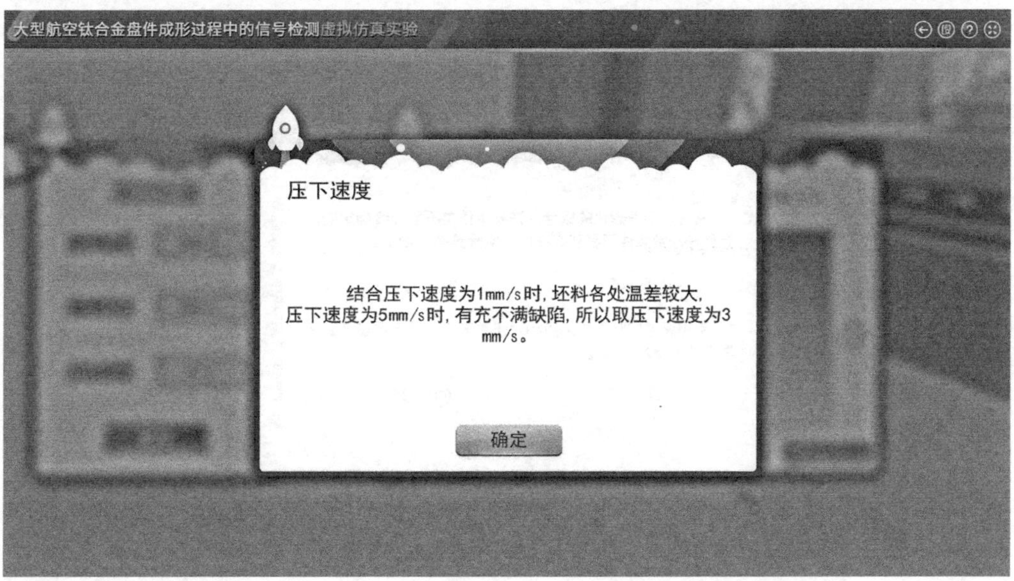

图 4-18
压下速度对锻件成形质量影响

识的获取，如图 4-19 所示。

② 理论知识考核。通过前述实操学习，进一步考核学生对信号检测相关理论知识的掌握程度，并在最后填写实验心得和建议。实验报告内容为各实验操作过程的智能考评，包括结果评价、考核答题结果判别、实验结论填写信息等多种信息，如图 4-20 所示。

图 4-19
工艺过程的检查排序

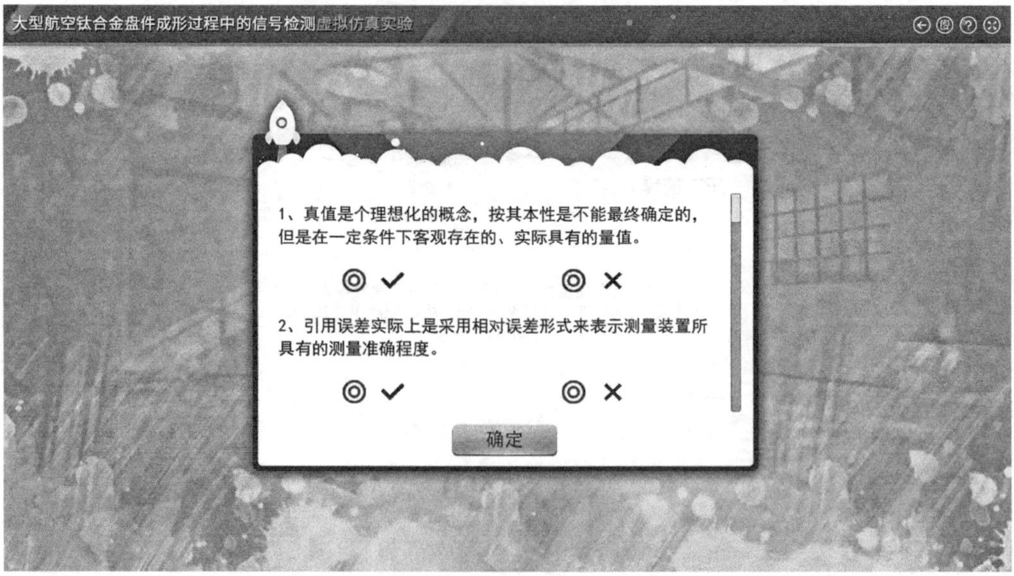

图 4-20
理论知识考核

四、思考题

（1）不同下压速度对锻件组织性能有何影响？

（2）自由锻工序对锻件组织性能有何影响？

（3）锻件温度场、应力场等分布与锻件成形质量有何关联？

实验五：航空发动机零件工艺设计与虚拟仿真加工实验

一、实验目的

仿真演示视频

知识目标：

通过航空零件工艺设计与虚拟仿真加工实验，模拟航空制造企业的真实生产环境，掌握典型零件机械加工工艺设计方法；通过虚拟仿真加工过程，掌握工艺参数与加工质量之间的关系。

能力目标：

培养工艺设计与优化能力、数控加工操作能力以及虚拟-现实结合能力。

素质目标：

培养精益求精的工匠精神、质量与责任意识以及绿色制造理念。

二、实验原理

本实验通过虚拟仿真技术，完成型腔零件和大前梁零件的机械加工工艺设计及数控加工模拟。实验首先基于切削原理，分析切削用量（背吃刀量、进给量、切削速度）与刀具寿命的关系，并通过三向测力仪研究切削力变化规律，建立切削参数优化模型。同时，依据“基准先行、先粗后精”等工艺设计原则，制定兼顾加工质量、效率和成本的工艺方案，实现从毛坯到成品的全流程规划。

实验还重点模拟了数控加工核心环节，包括激光对刀仪的工作原理（通过刀具遮挡激光触发定位信号实现刀具参数测量）及机床坐标设置、刀具补偿等关键技术。通过虚拟加工仿真，直观展示工艺参数对加工质量的影响，培养学生将切削理论、工艺设计与数控操作相结合的综合实践能力，为航空零件制造奠定技术基础。

三、实验内容及步骤

整个实验分为实验基础认知、型腔零件工艺设计与加工、大前梁零件的工艺设计与加工三大模块，如图 5-1 所示。

（1）实验模块一：实验基础认知

进入实验前，需要熟悉软件界面右上角各功能按钮，如“技术支持”“操作手册”“实验报告”等，可点击查看，熟悉相关内容，也可点击右下角“跳过”按钮进行跳过，直接进入实验准备界面。

① 实验准备：阅读实验目标、任务，并了解各种零件任务书和知识框相关内容。

② 数控机床结构认知：了解 XKA715 数控立式铣床与 FZ37 五轴龙门加工中心的结构、各轴的运动参数，建立相应的坐标系并观察机床内部结构，如图 5-2 所示。

③ 各种刀具类结构与功用的认知：详细查看界面内各种刀具的结构，从数控铣刀定义、数控刀具材料、刀具结构形式分别对数控刀具的分类、结构、应用情况进行认知学习，能够根据工件表面要求正确选用刀具。刀具材料与结构认知如图 5-3 所示，刀具三维模型如图 5-4 所示，刀具与刀柄的连接与安装如图 5-5 所示。

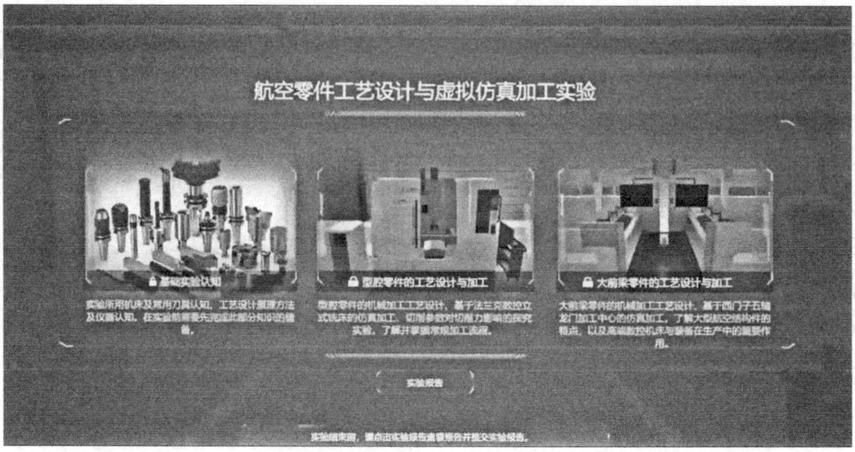

图 5-1
实验内容

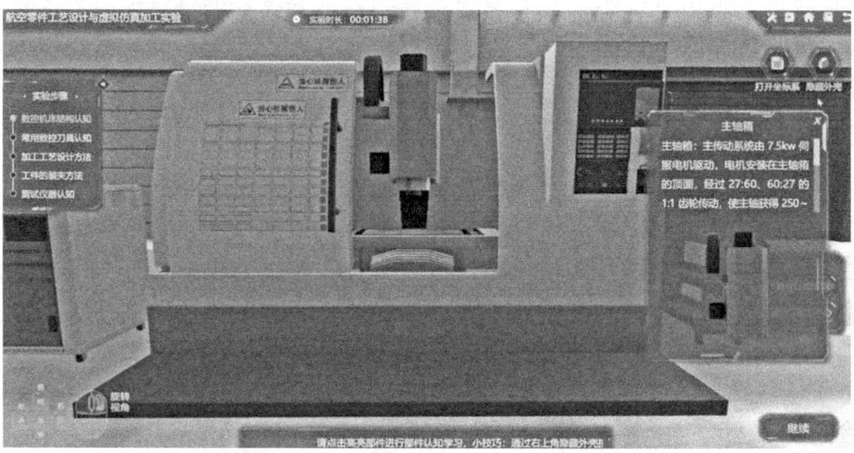

图 5-2
机床结构认知

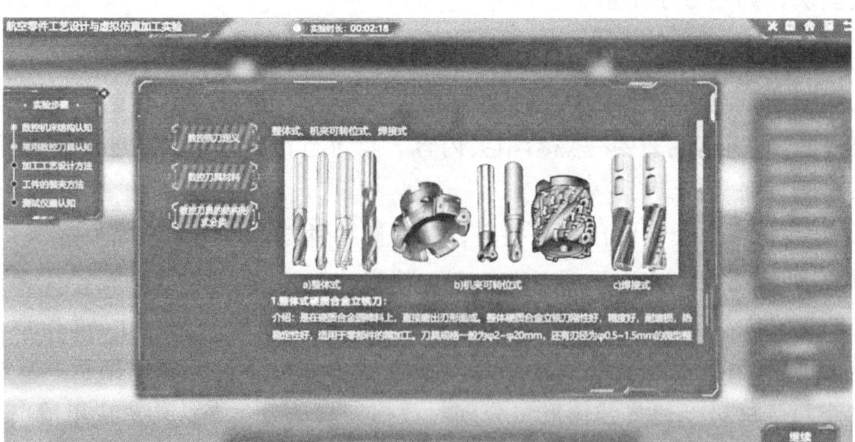

图 5-3
刀具材料与结构认知

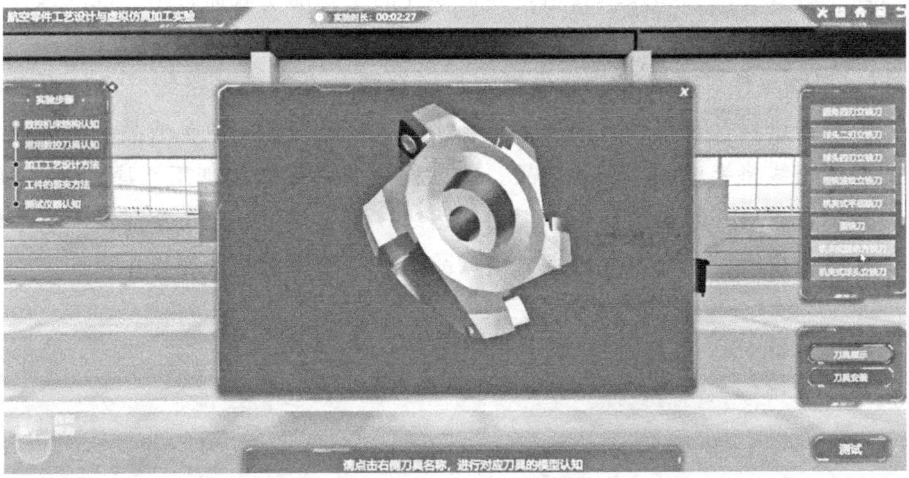

图 5-4
刀具三维模型

实验五

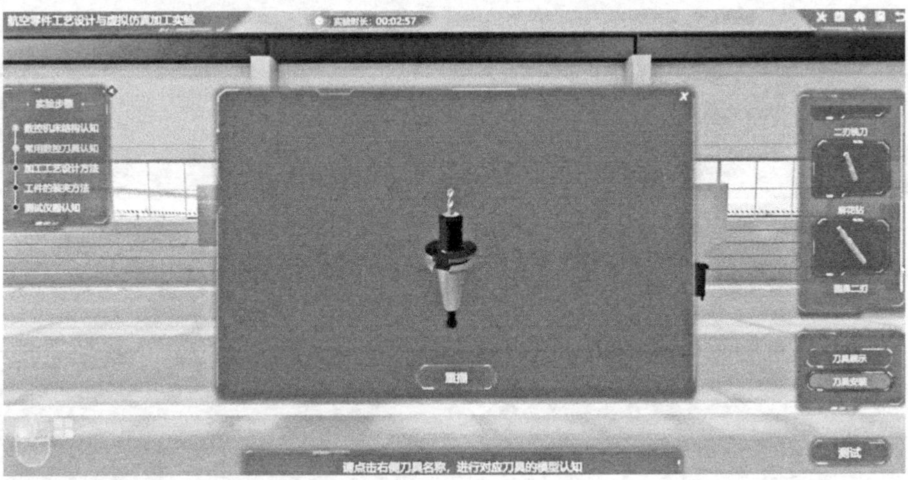

图 5-5
刀具与刀柄的连接与安装

④ 机械加工工艺制定原理认知：分别从工艺设计原则、工艺设计步骤、工艺设计原理、型腔的开粗方法、铣削和切削用量确定方法等方面了解机械加工工艺规程的设计原则、步骤与相关原理。

⑤ 定位、夹紧理论认知：分别从装夹定义、装夹方法、定位原理，学习并掌握定位、夹紧力测试仪器的原理。

⑥ 测试仪器的原理认知：分别从测力仪、红外热像仪、粗糙度轮廓仪方面了解测试仪器的原理。

（2）实验模块二：型腔零件工艺设计与加工

① 型腔零件分析。进入型腔工艺设计与加工界面，通过对型腔零件任务书要求的

理解，可以了解零件结构和技术要求，分析零件的主要加工表面、精基准的选择、装夹方案，从而拟定型腔零件的工艺路线，综合应用工艺设计原则。

② 拟定型腔零件工艺路线。首先确定毛坯至精基准的工艺路线，通过观察各加工表面的加工路线过程，选择合适的加工工艺路线，将毛坯加工成半成品，再根据半成品至成品的工艺路线将半成品加工为成品。此过程需要确定数控加工工序的各工步刀具，并根据刀具综合应用并制定零件的加工工艺路线。图 5-6～图 5-8 分别表示从毛坯到精基准的工艺路线拟定、毛坯尺寸确定、半成品到成品的工艺路线操作示意图。

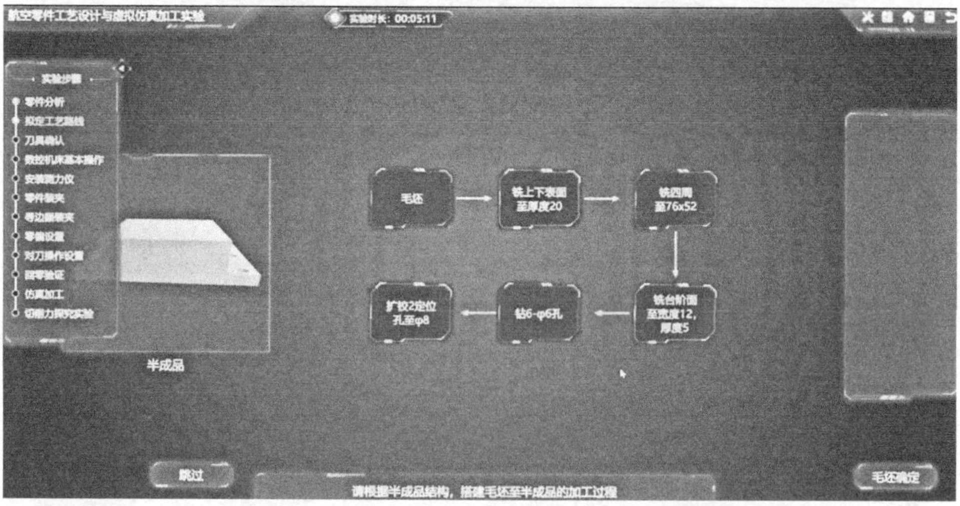

图 5-6
毛坯到精基准的工艺路线拟定

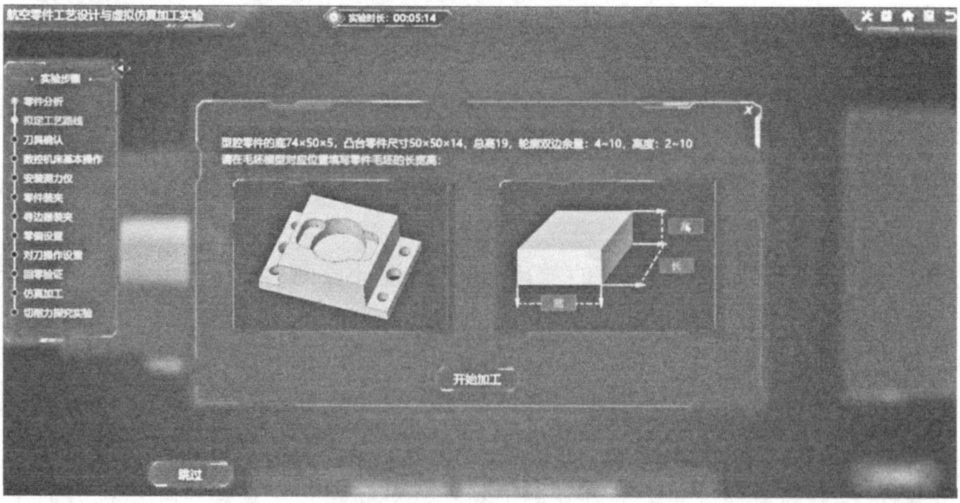

图 5-7
毛坯尺寸确定

③ 刀具确认。通过对各工步刀具的确认，从而确定各工步所需刀具的类型（图 5-9）。

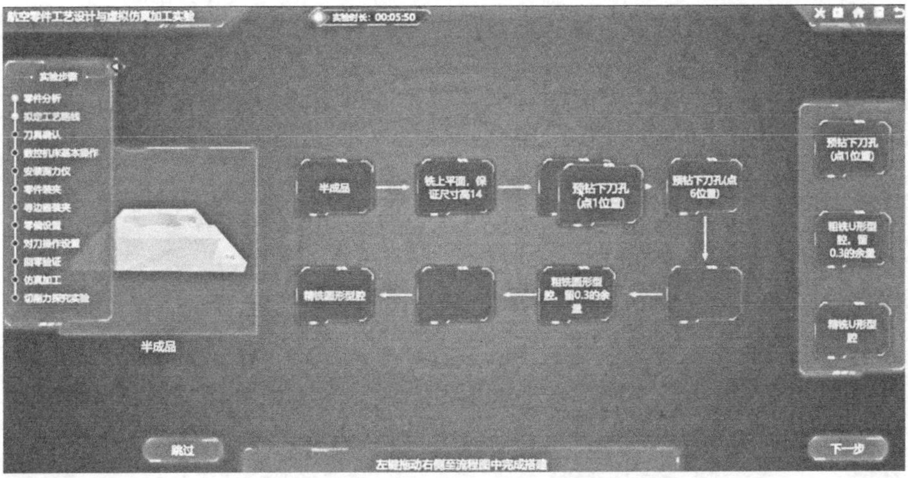

图 5-8
半成品到成品的工艺路线

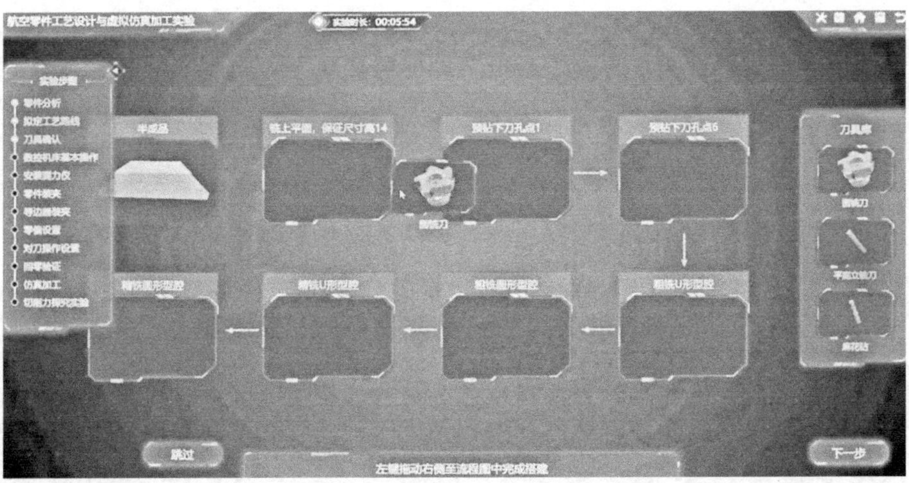

图 5-9
半成品到成品各工步所需的刀具

④ 机床基本操作。通过对机床“开机键”“急停键”，以及“上电键”的操作，完成机床开机，再依次点击“X”“Y”轴和“回零键”，让机床回到机械零点。这些操作都是为了了解机床的结构及机床开机、回零基本操作。

⑤ 安装测力仪。点击左侧的“测力仪”的相关部件，将各个部件安装到相应位置，完成安装，从而了解测力仪系统，掌握测力仪安装操作 (图 5-10)。

⑥ 零件、寻边器装夹。点击左侧的“定位元件”“零件夹紧”元件，将各个部件安装到相应位置，完成安装，了解工件的安装操作。点击左侧的标签，了解寻边器的应用与原理，完成安装，在这个过程中，了解寻边器的装夹及应用。图 5-11 为零件、寻边器装夹操作界面。

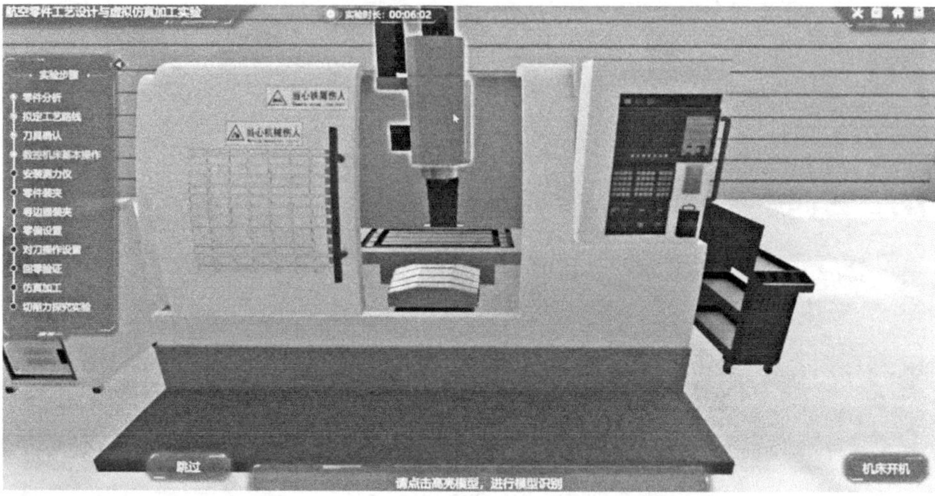

图 5-10
测力仪的安装与校正

图 5-11
零件、寻边器装夹操作界面

⑦ 零偏设置。点击机床操作面板“手轮”“X”按钮，并多次点击右边箭头（顺时针转动手轮），使机床工作台向左移动，当寻边器接触工件并瞬间甩动时，此时将相对坐标 X 设置为 0。依次操作为“POS”“相对坐标”，最后输入“X”“ORIGIN”，完成相对坐标 X 的 0 设置。工件坐标系零偏设置操作结果如图 5-12 所示。

⑧ 坐标系设置。手动抬高寻边器移动至右边，依次操作“手轮”“X”，并多次点击左边箭头（逆时针转动手轮），当寻边器接触工件并甩动时，依次操作“OFF/SET”“工件坐标系”“光标移动到 G54 X”，输入“工件中心 X 向的相对坐标值”“测量”，工件的中心 X 机械坐标值设置为 G54 的原点 X 值。工件坐标系设置结果如图 5-13 所示。

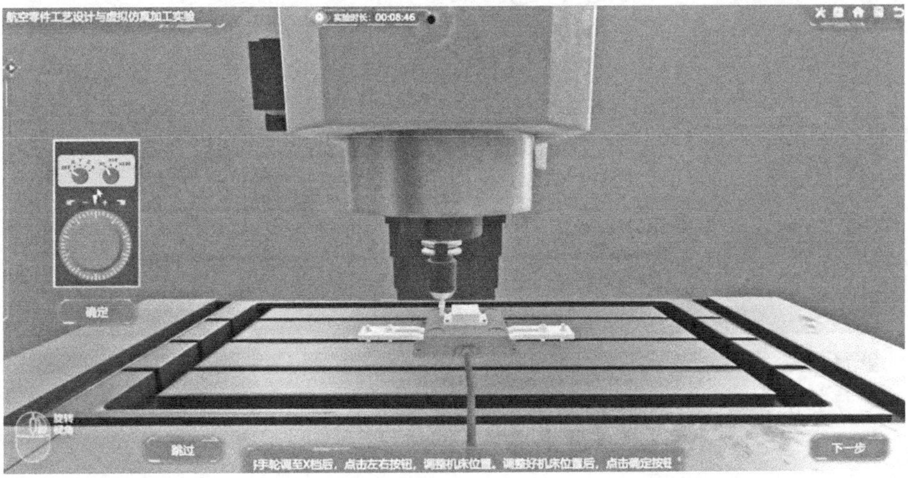

图 5-12
工件坐标系零偏设置

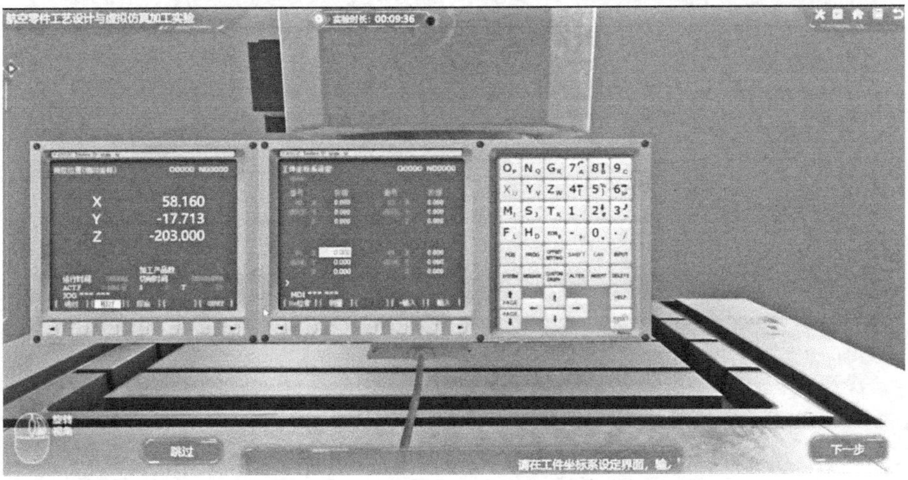

图 5-13
工件坐标系设置结果

⑨ 刀具长度测量与设置。点击“Z 轴对 1 号刀”，机床动作，将 1 号刀装在主轴上，缓慢移动手轮 Z 向，当 1 号刀慢慢接触到工件上表面时，依次按“POS”“综合”，填写到“Z＝（Z 的机械坐标）”，依次操作，填写 2 号、3 号刀 Z 向的机械坐标。点击“设置刀补”，依次操作“OFE/SET”“补正”光标移动到 001 号刀的“（形状）H”“在输入区输入 1 号刀的 Z 机械坐标”，点击“输入”刀具长度补偿到“（形状）H”中。依次设置 2、3 号刀的长度补偿。点击“刀补小知识”，了解操作程序中刀补的应用。完成刀补设置，其操作结果如图 5-14、图 5-15 所示。

⑩ 回零验证。点击“回机械零点”，机床回到机械零点（图 5-16），点击“零件验证”，依次点击“MDI”模式、“PRO”功能键、“MDI”软件，在光标处输入“G54G43G00X0Y0Z0H03”“INSERT”“循环启动”。

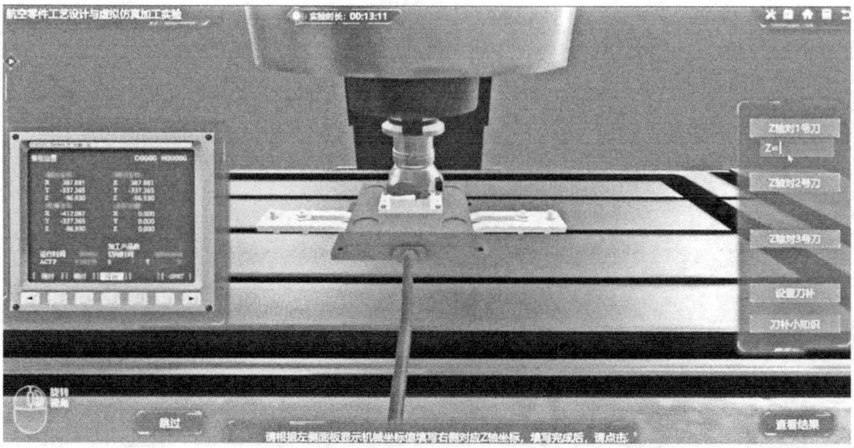

图 5-14
刀具 Z 向长度测量与记录

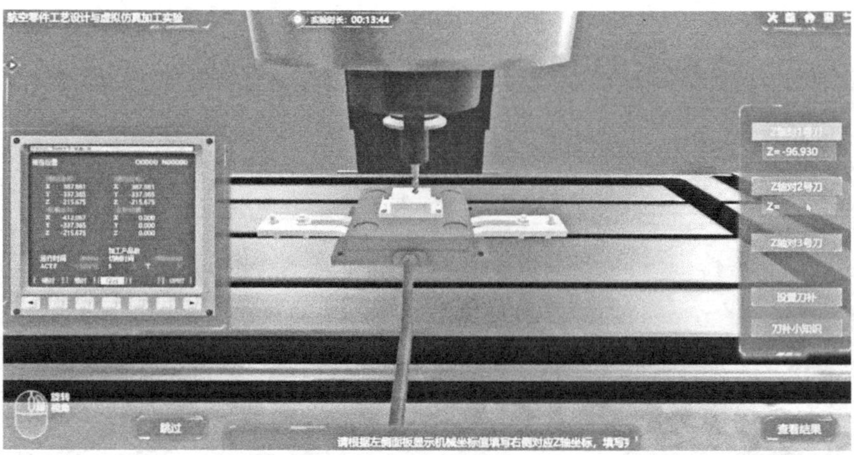

图 5-15
刀具补正结果

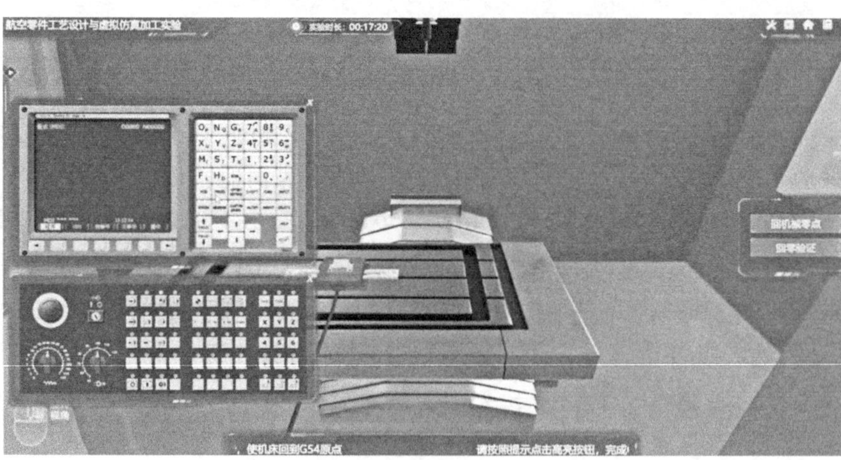

图 5-16
回零验证

⑪ 仿真加工。点击“输入代码”“加工仿真”，机床动作，对零件型腔进行加工，零件模型如图 5-17 所示。加工完成后，显示相应的零件模型（合格件或不合格件），如图 5-18 所示。点击“下一步”，从而了解零件型腔的加工过程，得到加工后的零件模型。

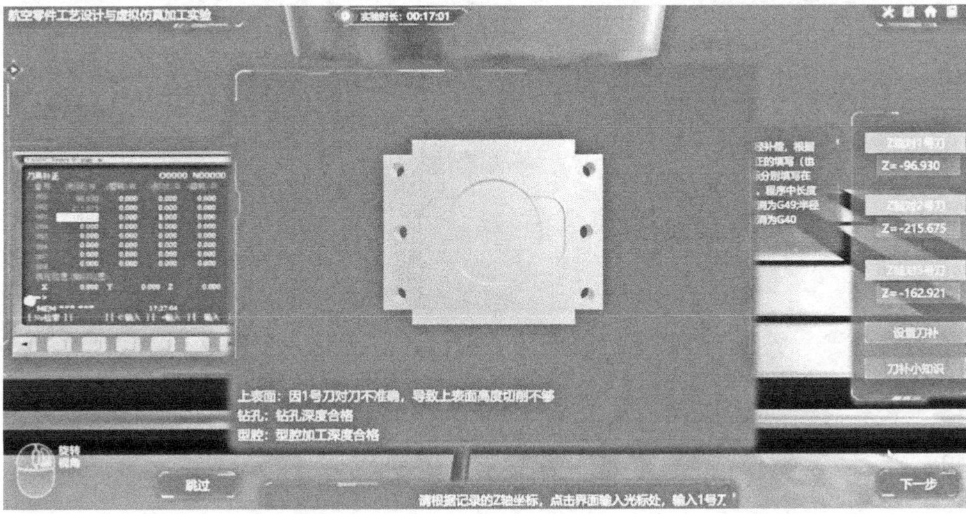

图 5-17
零件模型

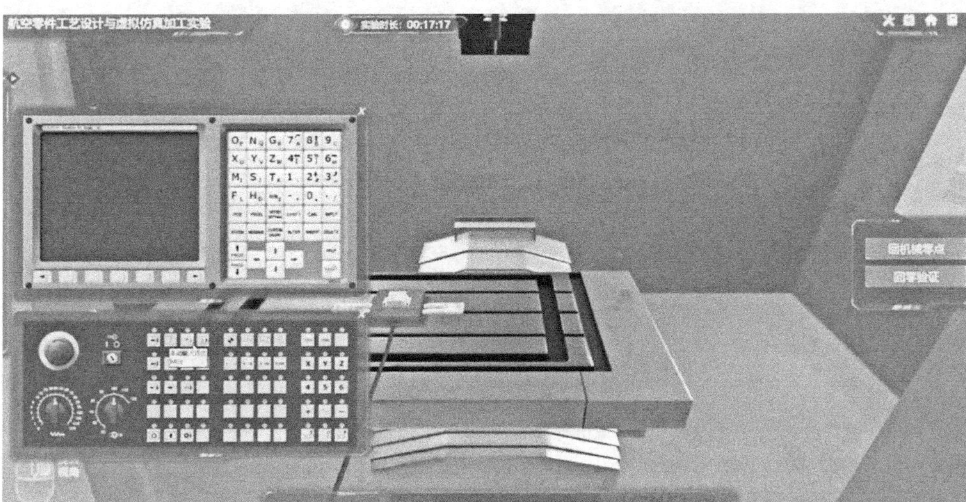

图 5-18
加工后的零件模型

⑫ 切削力探究实验。点击“开始采集”高亮区域，出现如图 5-19 所示的采集界面，下拉菜单中，选择参数“Ac Ap Fz n”，下拉菜单选择“参数值”设定，采集界面力值大小出现即时变化。点击“记录数据”，系统记录不同参数下切削力的大小，如图 5-20 所示。点击“填写结论”，填写每个参数对切削力的影响，接着点击“提交”和“参考

答案”，比对实验数据与结论是否相符。点击“结束实验”，回到主界面。此步骤主要是根据实验结果，分析切削参数对切削力的影响规律。

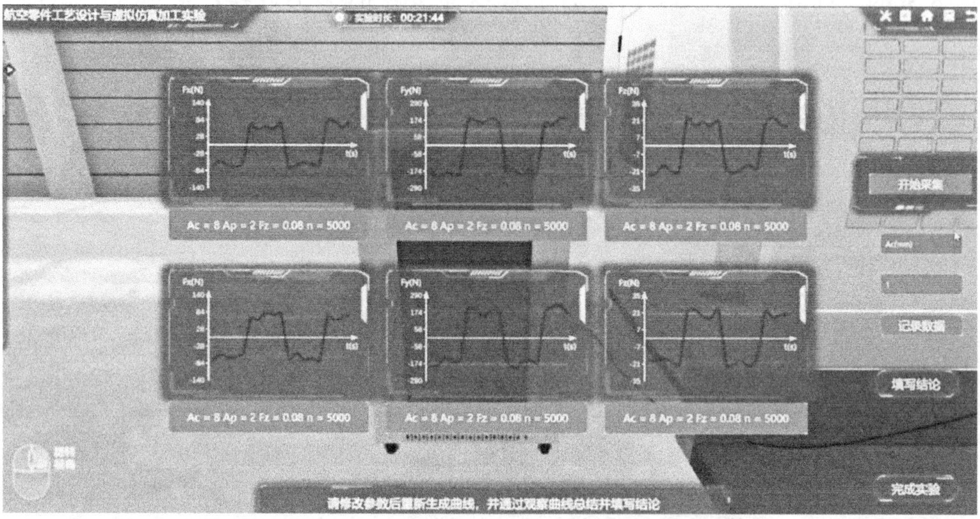

图 5-19
切削力信号采集

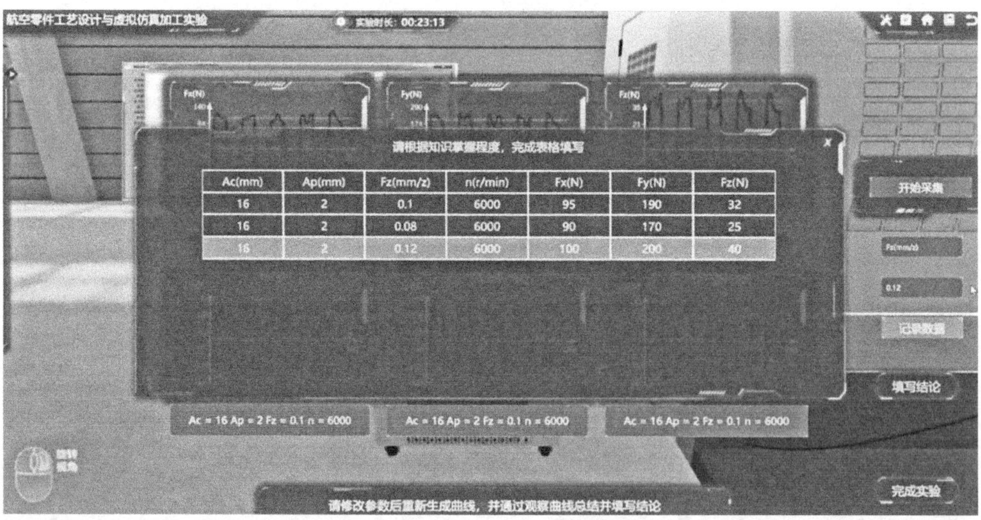

图 5-20
记录切削参数对应的切削力

（3）实验模块三：大前梁零件的工艺设计与加工

① 分析大前梁零件的技术要求。在主界面，点击第三模块“进入实验”，进入第三模块实验界面。点击“任务书”，如图 5-21 所示，了解实验目标与要求。点击“零件介绍”，依次点击“零件技术要求”“钛合金材料分析”“主要加工表面分析”“保证质量的措施”，了解大前梁零件的技术要求、主要加工表面要求、钛合金材料的加工特点以及

如何采取工艺措施，保证零件的质量。这一步主要是分析大前梁零件的技术要求与加工要点、难点，为工艺规程制定作准备。

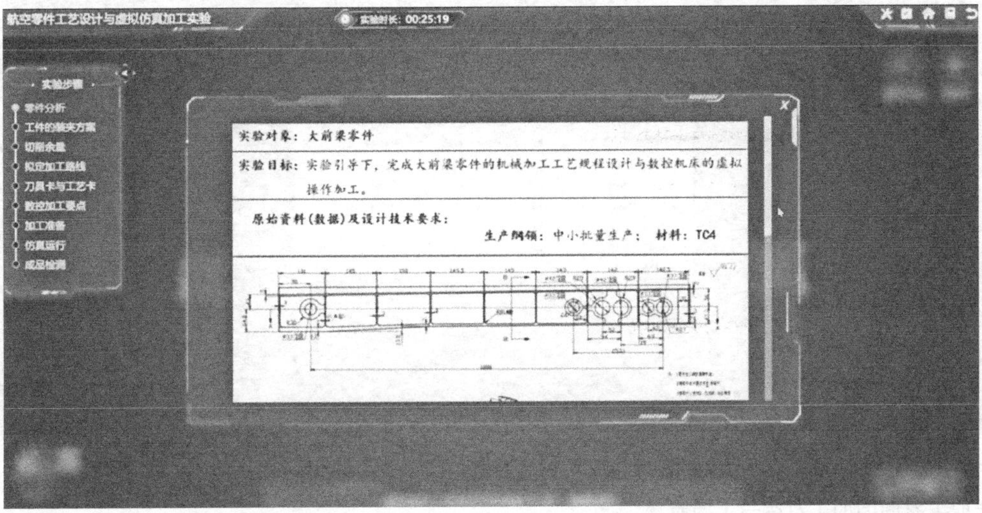

图 5-21
大前梁任务书

② 大前梁零件的装夹方案。点击“定位”，精基准为一面两孔定位。点击“夹紧”，两端用四个螺栓旋紧，周边压板多点夹紧。

③ 毛坯尺寸与切削余量。如图 5-22 所示，阅读毛坯尺寸的确定原则，填写毛坯的“高”“长”“宽”尺寸，点击“确定”。查看图 5-23，了解初步拟定的主要加工表面的加工方法与工序余量。完成操作后，点击“确定”按钮，系统会根据设定的尺寸范围判断尺寸参数是否合理。

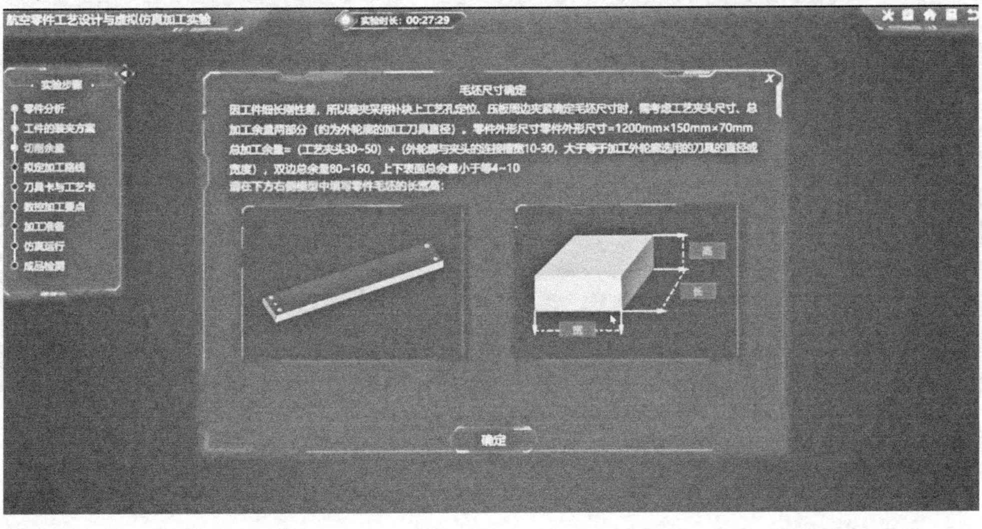

图 5-22
毛坯尺寸确定

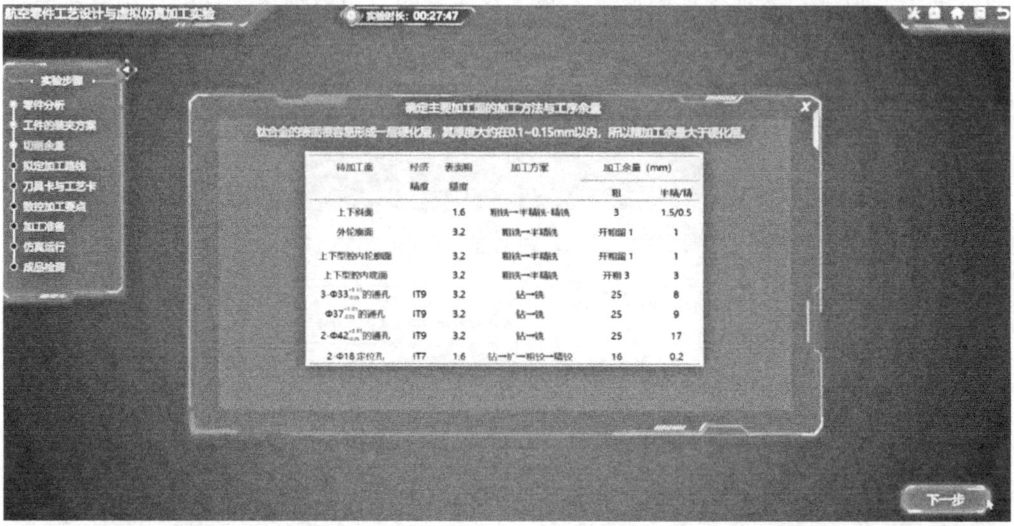

图 5-23
主要加工表面的加工方法与工序余量

④ 拟定加工路线。在图 5-24 中，确定毛坯到精基准的加工路线，使用鼠标将加工工步拖拽到左边的路线中，进行工艺路线的搭建，点击“加工”，仿真毛坯到精基准的加工过程。点示“下一步”，在图 5-25、图 5-26 中，分别搭建“粗加工”“精加工”阶段的加工路线。加工路线搭建正确，实验进行下一步；搭建不合理，系统提示“返回修改”。

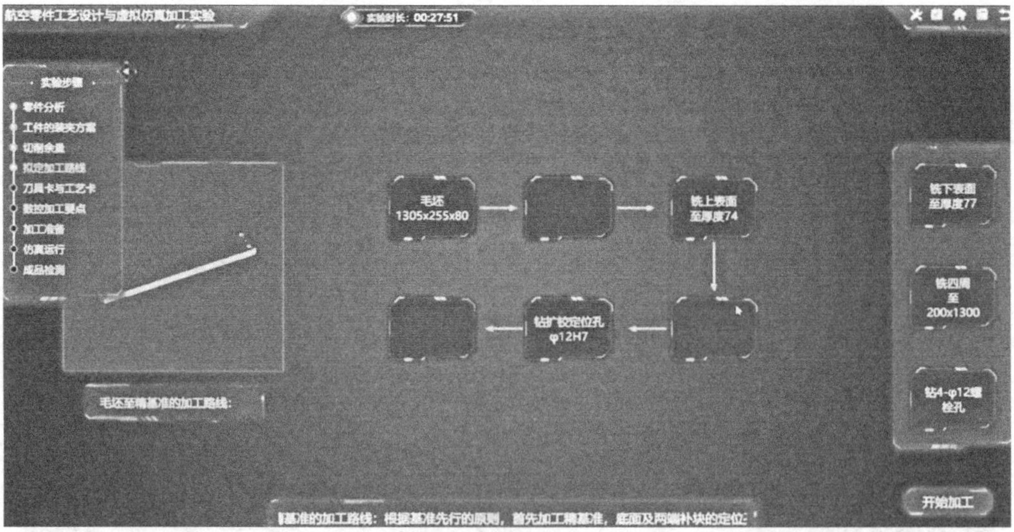

图 5-24
毛坯至精基准的加工路线

⑤ 刀具、切削用量确定。根据前面拟定的工艺路线，生成了数控加工部分的加工顺序，确定某些工步的刀具参数，完成后，点击“确定”。确定某些工步的切削参数，

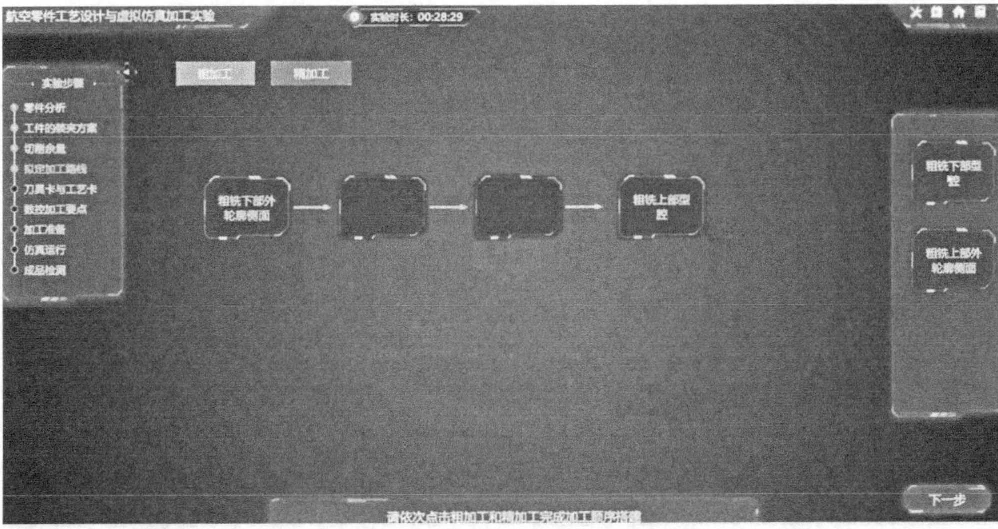

图 5-25
数控机床上的粗加工路线

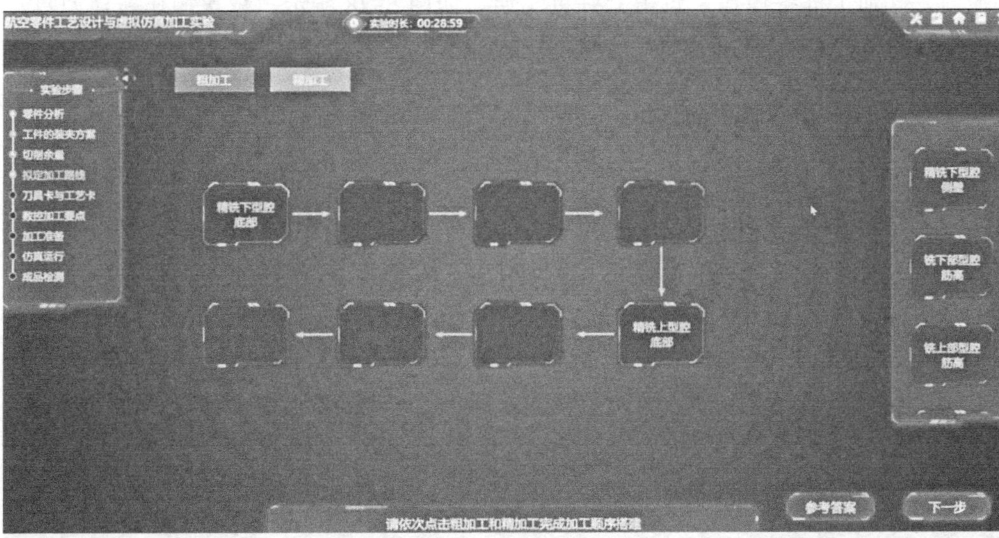

图 5-26
数控机床上的精加工路线

完成后，点击“确定”，显示整体的工艺过程卡与数控加工工序卡，如图 5-27 所示。阅读文件，点击“想一想”，提出工艺方案的改进措施。刀具参数根据预钻孔直径为型腔粗加工刀具直径的 1.2～1.4 倍原则确定刀具尺寸。刀具、切削用量确定后，自动生成工艺过程卡与数控加工工序卡。

⑥ 数控加工要点。点击学习数控加工时程序设置的知识点，系统后台自动记录操作步骤。可以了解数控加工时设置的要点知识，包括工件坐标原点、安全高度、进退刀方式等。

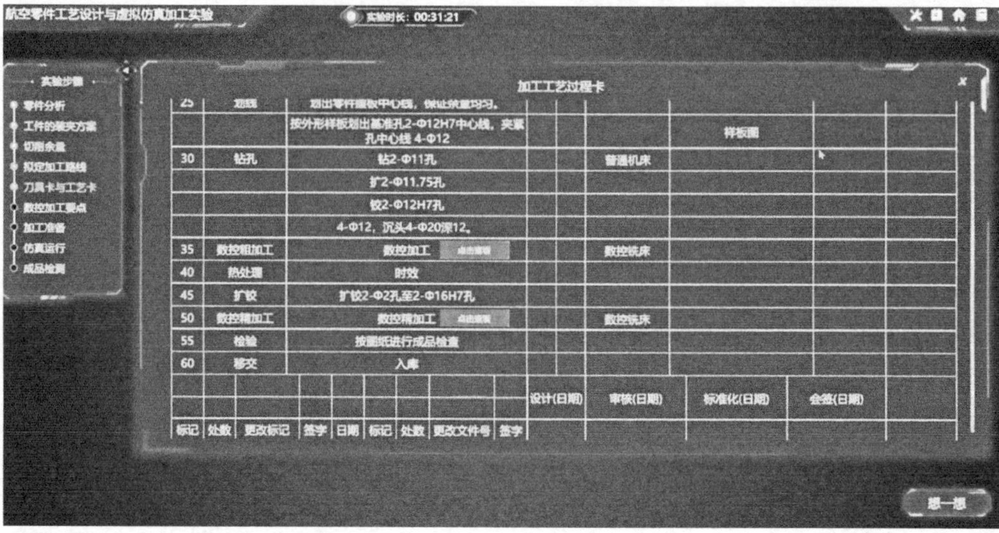

图 5-27
工艺过程卡与数控加工工序卡

⑦ FZ37 加工准备操作。点击“开机”后，如图 5-28 所示，依次操作新建刀具、对刀仪标定、刀具测定、工件装夹、零偏（G54 原点）、零偏（装夹找正）。

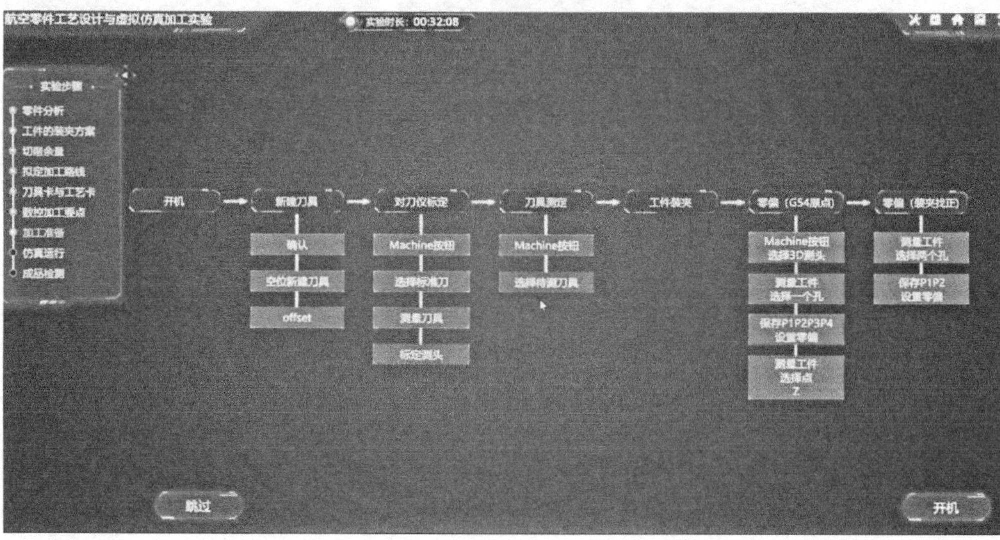

图 5-28
加工操作流程

具体操作如下：

a. 新建刀具：依次点击“OFFSET”、空位、“新建刀具”、选择刀具、“确认”。

b. 对刀仪标定：依次点击“M”、“TSM”、“选择刀具”、标准刀“CYCLE”、机床动作装载标准刀、“测量刀具”、“标定测头”、“CYCLE”。对刀仪标定的过程，是通过无接触激光对刀仪，测量刀具的长度与直径，并自动设置到刀具的参数中。

c. 刀具测定：依次点击“M”、“TSM”、“选择刀具”、待测定刀具“CYCLE”、机床动作测定刀具装载到主轴、“测量刀具”、“长度自动”、“CYCLE”，机床动测定刀具长度与直径，如图 5-29 所示。测定结果自动保存到刀具参数，点击“OFFSET”“有效值”，如图 5-30 所示。

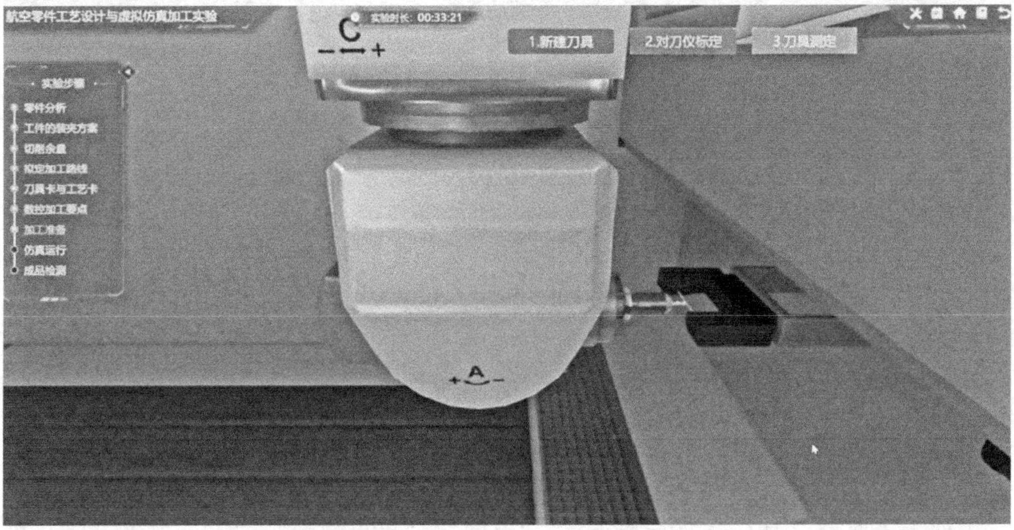

图 5-29
刀具测量

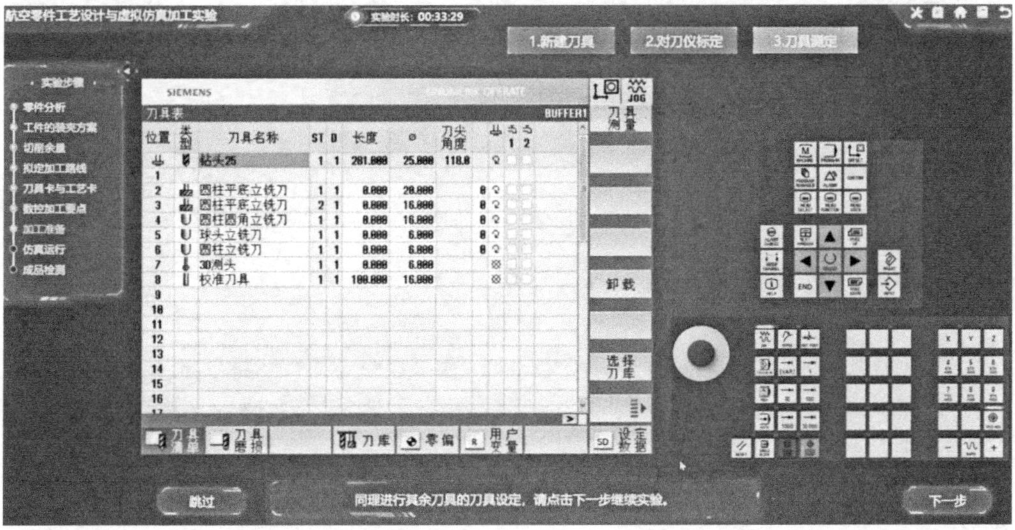

图 5-30
刀具长度测量设置结果

d. 零偏（G54 原点）：工件定位孔中心设置为 X 和 Y，依次点击“M”、“选择刀具”、“3D 测头”、“确认”、“CYCLE”、“返回”、实际值“MCS”、“测量工件”、“测一个孔”、“CYCLE”、机床动作测量孔四个点（图 5-31）、“保存 P1、P2、P3、P4”、“设置零偏”，孔的中心X和Y自动设置到 G54 中。

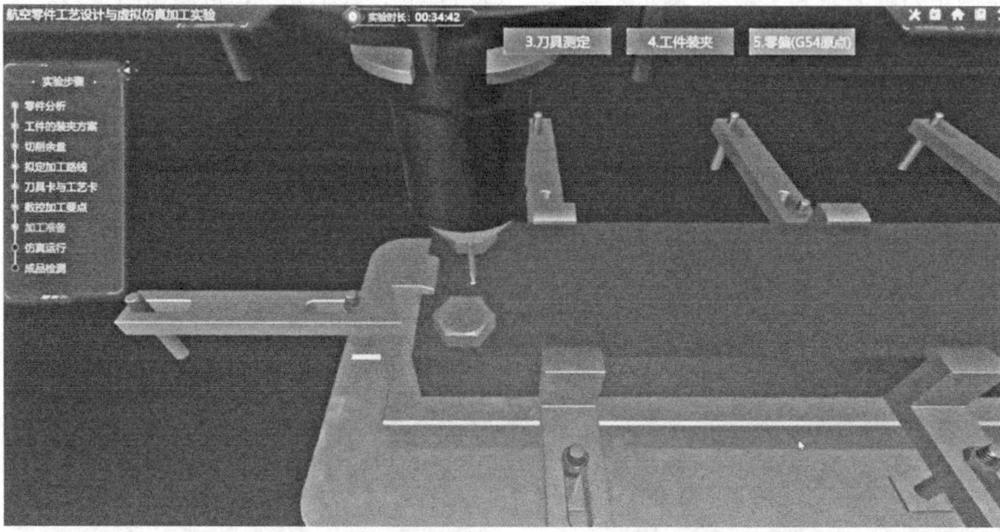

图 5-31
光电探头测量孔中心坐标

工件上表面设置为 G54 坐标原点 Z，“返回”、“单点测量”、“Z”、“CYCLE”、机床动作（图 5-32）、保存、“设置零偏”，上表面的 Z 值自动设置到 G54 中。

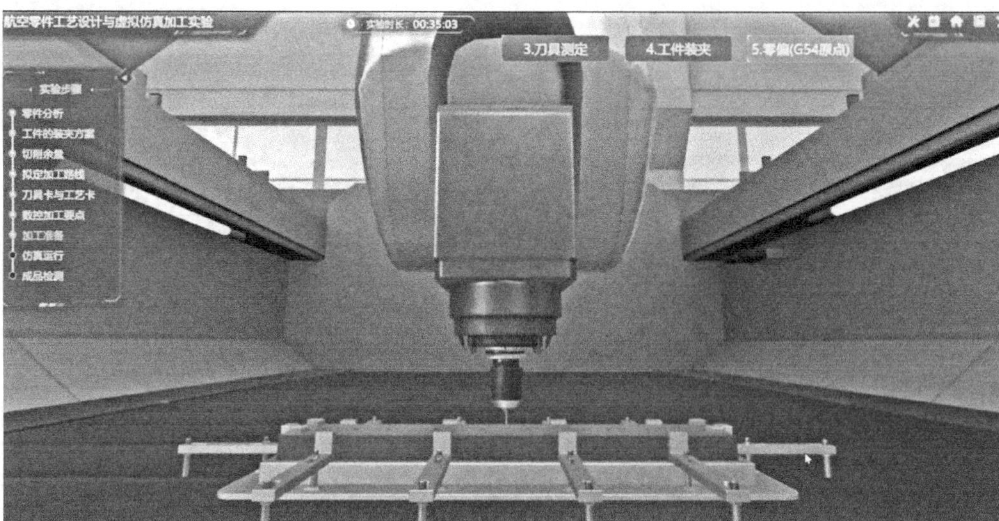

图 5-32
测量工件上表面 Z 值

e. 零偏（装夹找正）：测两定位孔与 Y 轴的平行度误差，依次操作“返回”、“测量工件两个孔”、“CYCLE”、机床动作测量孔中心、“保存 P1、P2”，自动计算两孔中心与 Y 轴的平行度误差，补正到 C 轴。

其中，图 5-30 为刀具长度与直径测量后的补正参数设置。图 5-33 为 G54 坐标原点的设置结果。

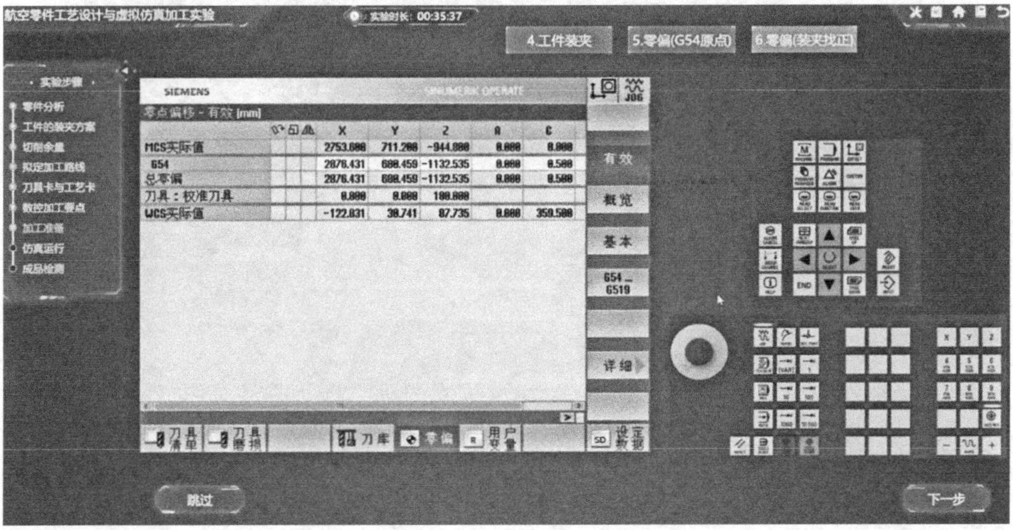

图 5-33
G54 坐标原点设置结果

⑧ 加工过程仿真。点击观看加工过程与加工结果，如图 5-34、图 5-35 所示。

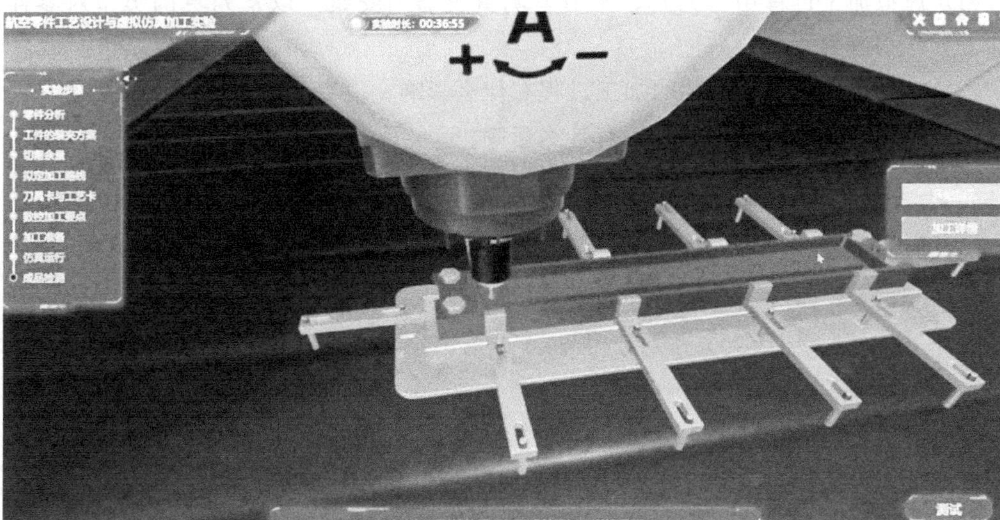

图 5-34
大前梁仿真加工

⑨成品检测。拖动右侧框中的步骤放到检测流程中。通过上述步骤完成实验操作后，填写实验报告。系统弹出实验报告，实验报告包括实验过程的各项操作、工艺参数，以及质量检测结果和分析改进措施，查看报告并按要求填写相关内容后提交，完成实验操作，退回实验初始界面。

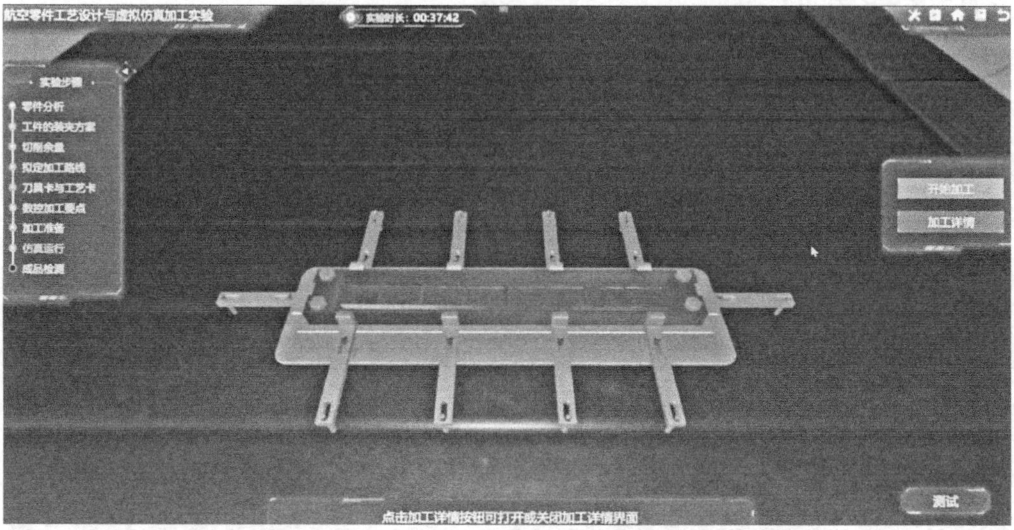

图 5-35
大前梁加工完成

四、思考题

(1) 虚拟加工过程中，刀具、夹具与测量仪器的安装，以及刀具的类型对零件模型加工有什么影响？

(2) G54 坐标对整个零件的加工过程有什么影响？

(3) 机床坐标原点对零件加工有什么影响？

实验六：航空发动机零件设计与加工虚拟仿真实验

一、实验目的

仿真演示视频

知识目标：

通过对典型航空零件设计与加工的虚拟仿真实验，模拟航空增材制造企业的真实环境，掌握典型的零件设计及增材制造工艺，明晰增材关键工艺参数与成形质量之间的关系。

能力目标：

具备设计与工艺规划能力、参数优化与缺陷分析能力，以及后处理与验证能力。

素质目标：

培养创新与跨学科思维，强化质量与标准意识。

二、实验原理

增材制造技术是基于离散-堆积原理，通过逐层叠加材料（如金属粉末、丝材等）直接成形复杂构件，具有设计自由度高、材料利用率高、可快速制造复杂结构的优势。在航空发动机领域，该技术已应用于轻量化结构（如空心叶片、点阵夹层构件）和功能集成部件（如燃油喷嘴、一体化叶盘），可显著提升推重比和可靠性。例如，GE公司采用激光选区熔化技术制造的LEAP发动机燃油喷嘴，将20个零件集成为1个整体结构，减重25%并延长寿命5倍，展现了增材制造在航空领域的变革性潜力。

选区激光烧结技术通过激光逐层烧结粉末材料成形零件，支持高分子、陶瓷、金属等多种材料，具有材料浪费少、工艺灵活等优点，是目前发展潜力最大的增材制造技术之一。然而，该技术仍面临预热温度场不均匀、工艺参数优化复杂、材料收缩导致精度不足、可用材料有限（如PA12、PA6）及成形件力学性能较低等问题，限制了其在高端领域的应用。未来需进一步优化工艺并开发新型材料，以提升该技术的适用性和可靠性。选区激光烧结成型工艺如图6-1所示。

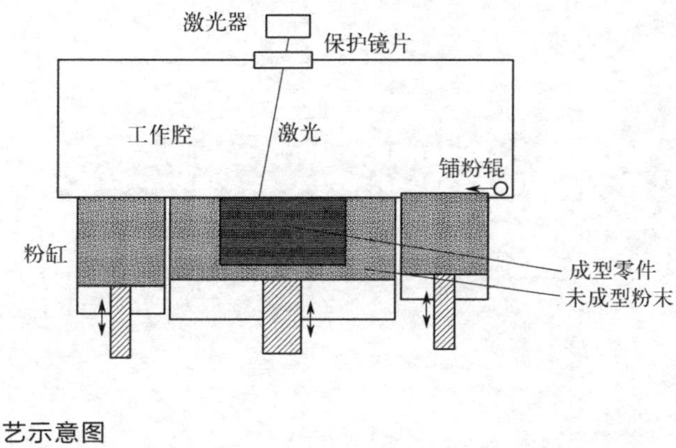

图 6-1
选区激光烧结成型工艺示意图

三、实验内容及步骤

本项目通过建构模型的方法模拟航空发动机零件的设计与加工过程，训练学生在这种模拟情景下对零件的设计及创新能力。航空发动机零件的设计与加工过程主要包括实验简介、实验原理、航空发动机典型零件（喷油嘴）的设计及加工过程。进行模拟航空发动机典型零件设计及加工过程时，其实验流程依次为：学生交互性操作、航空发动机典型零件设计及加工过程。该虚拟仿真实验初始界面如图 6-2 所示。

图 6-2
初始界面

（1）实验模块一：实验简介

该模块介绍航空发动机典型构件的重要性及实验目的，如图 6-3 所示。

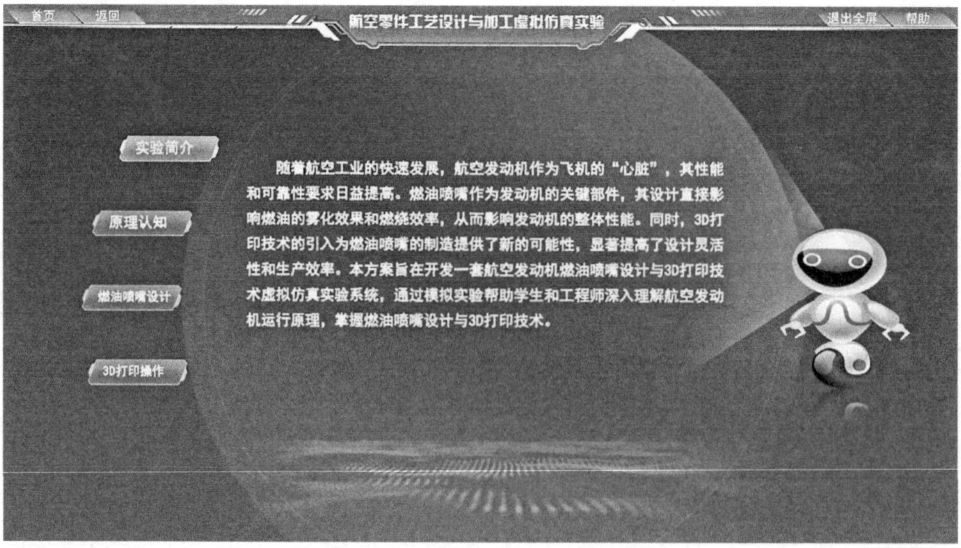

图 6-3
实验简介模块

（2）实验模块二：原理认知

该模块主要介绍增材制造技术的基本原理，以及航空发动机的基本构造及工作原理。增材制造技术的基本原理如图 6-4 所示。进入车间的三维场景中，镜头自动旋转，展示发动机模型，通过近距离观察了解发动机形态和动力来源等相关知识，如图 6-5、图 6-6 所示。

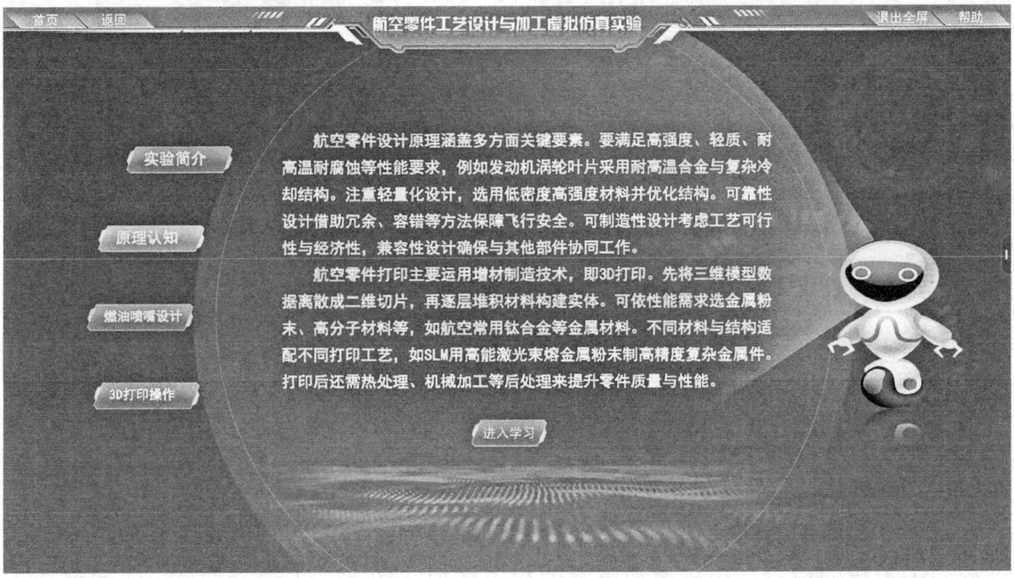

图 6-4
增材制造技术的基本原理

图 6-5
航空发动机三维剖面模型

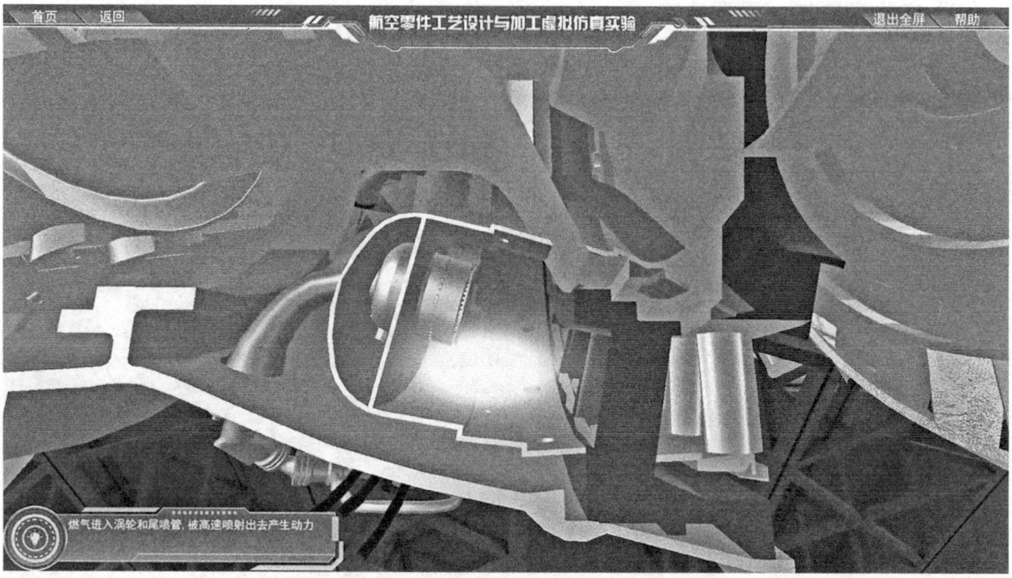

图 6-6
燃油喷嘴的工作图

（3）实验模块三：航空发动机典型零件设计

首先通过相关的文字介绍了解燃油喷嘴设计过程。再进入软件设计界面，对燃油喷嘴进行相关参数的设置，得到燃油喷嘴的相关模型，图 6-7 为燃油喷嘴 1/4 剖模型。通过有限元模拟，验证上述参数设计是否合理，如图 6-8 所示。

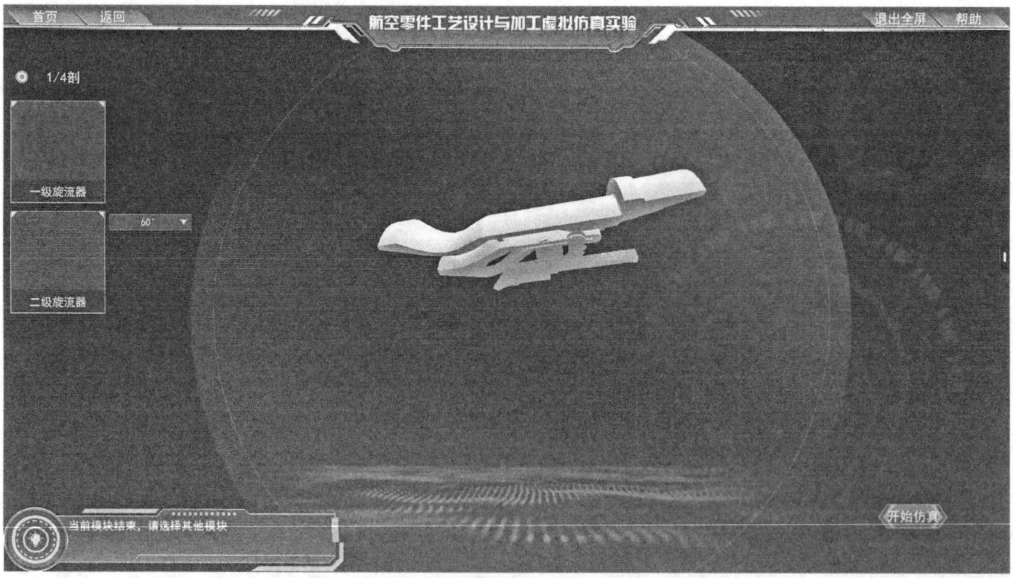

图 6-7
燃油喷嘴 1/4 剖模型

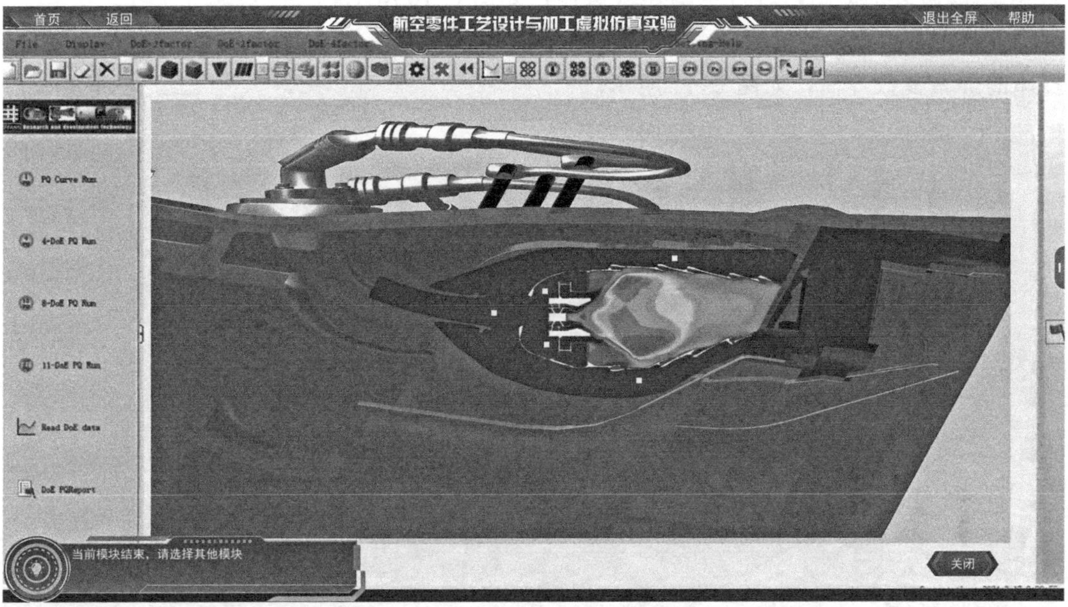

图 6-8
燃油喷嘴有限元模拟

（4）实验模块四：3D 打印操作

通过对燃油喷嘴的设计了解其结构，利用 SLM 系统对其进行加工。

① 3D 打印相关操作和注意事项的文字介绍，如图 6-9 所示。

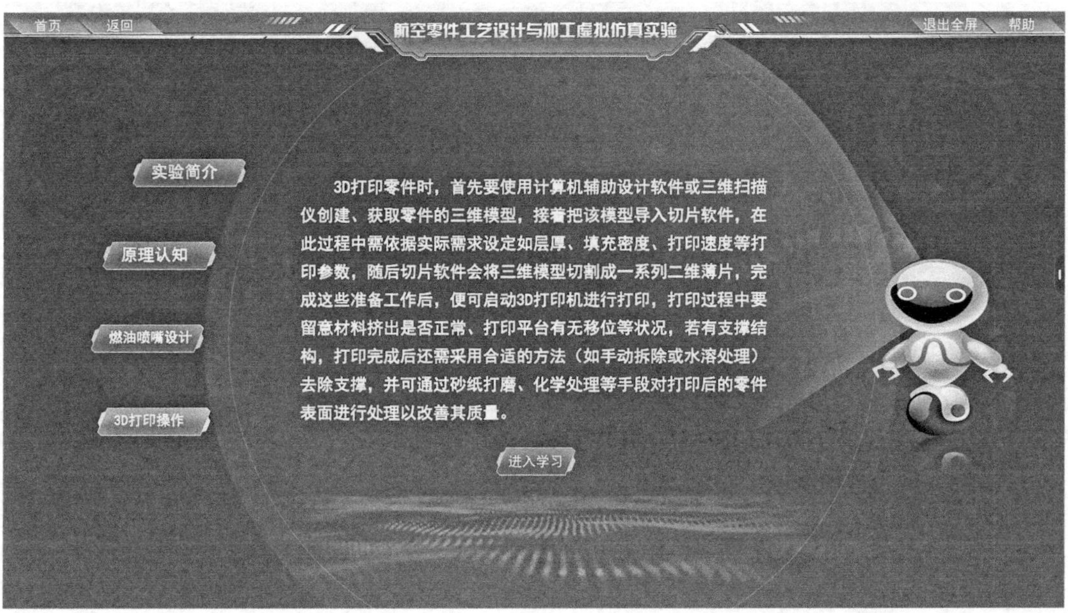

图 6-9
3D 打印操作相关文字介绍

② 根据文字提示，进行电脑建模操作，如图 6-10 所示。

③ 对 SLM 设备进行操作，打开稳定电压、空气开关以及背部按钮，进入设置 3D 打印的屏幕参数界面，如图 6-11 所示。

图 6-10
3D 打印建模过程

图 6-11
3D 打印的屏幕参数界面

④ 设置完参数后展示打印前的清理过程，如图 6-12 所示。

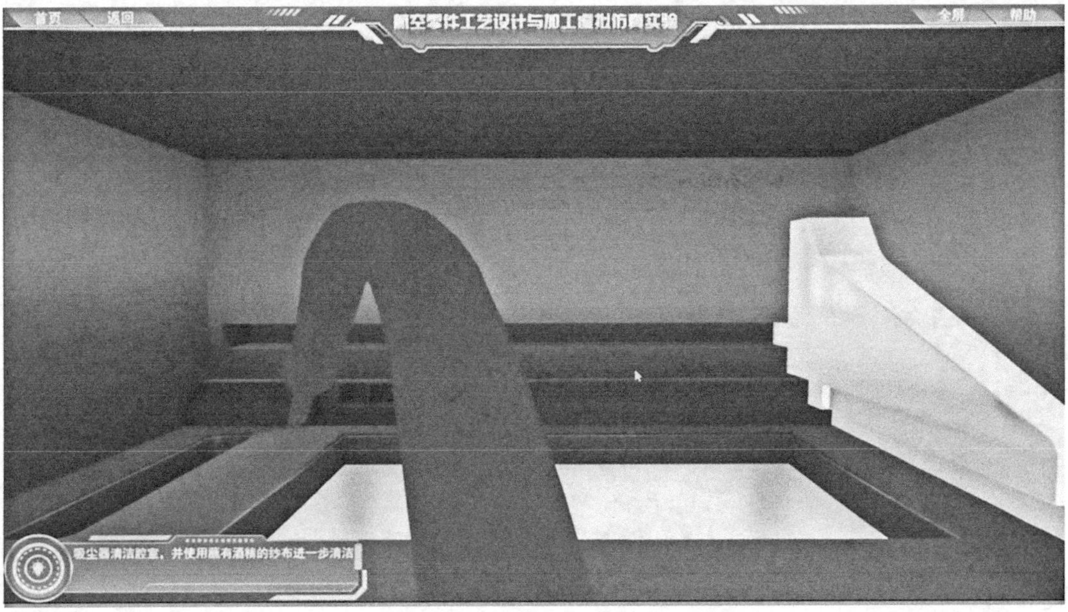

图 6-12
打印前的清理过程

⑤ 设置完打印相关参数后，先进行打印前的清理工作为打印做准备，再进行打印前的装粉操作、打印操作以及打印后的清理。图 6-13 和图 6-14 分别为装粉操作和打印操作。

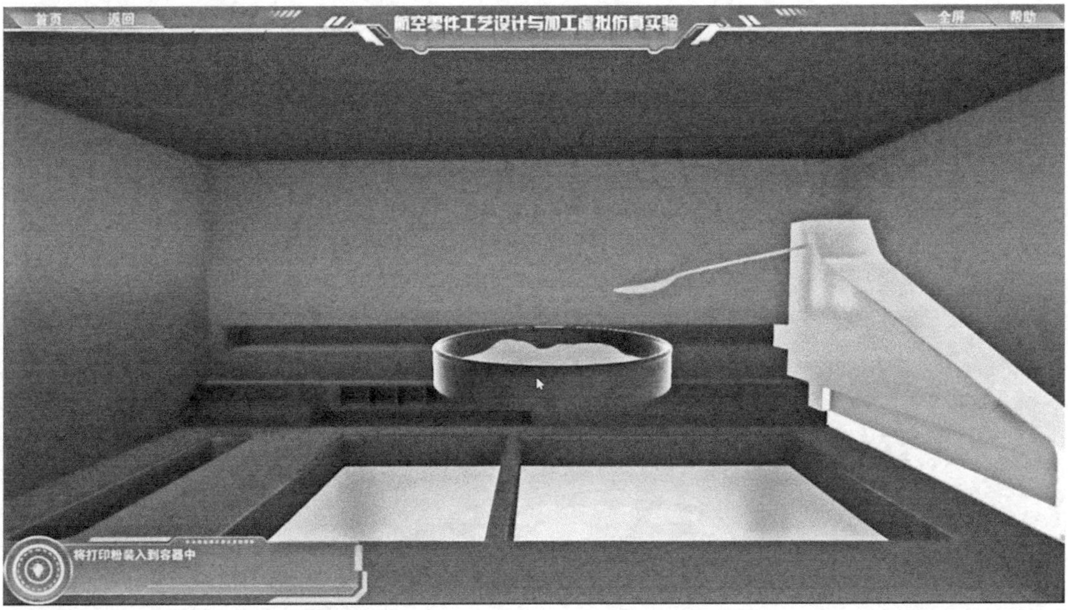

图 6-13
装粉操作

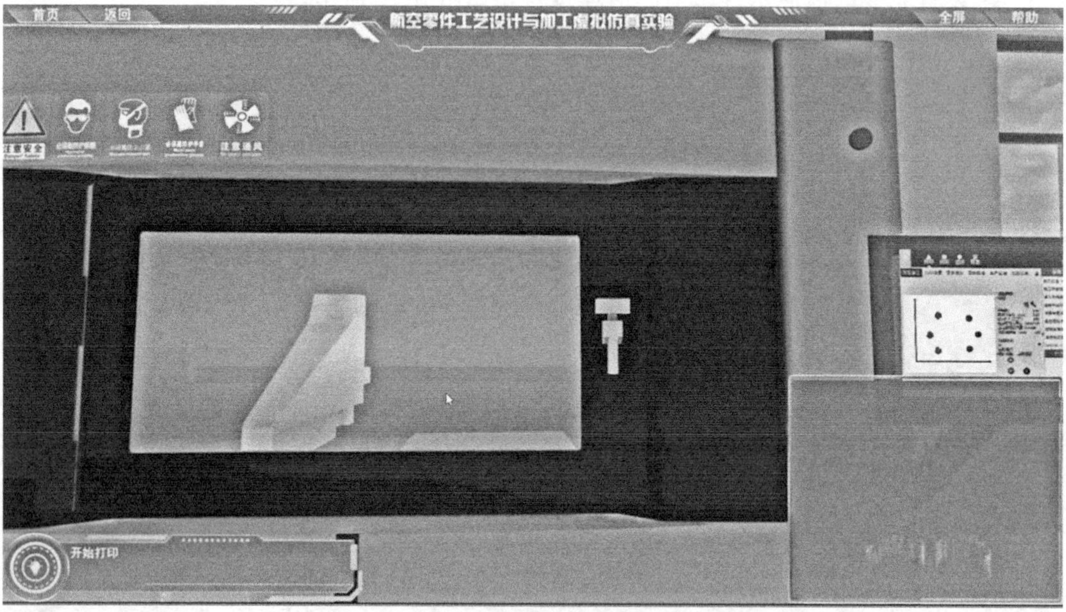

图 6-14
打印操作

⑥ 零件打印后需对表面进行清理，随后选择工具将清理后的零件进行打磨和测量，并通过电子显微镜，在电脑上观察打印后的细节。若打印后的零件在电脑上显示完好无缺陷，则此过程结束，否则重新打印零件。图 6-15 为零件的打磨和测量，图 6-16 为电子显微镜细节观察。

图 6-15
零件的打磨和测量

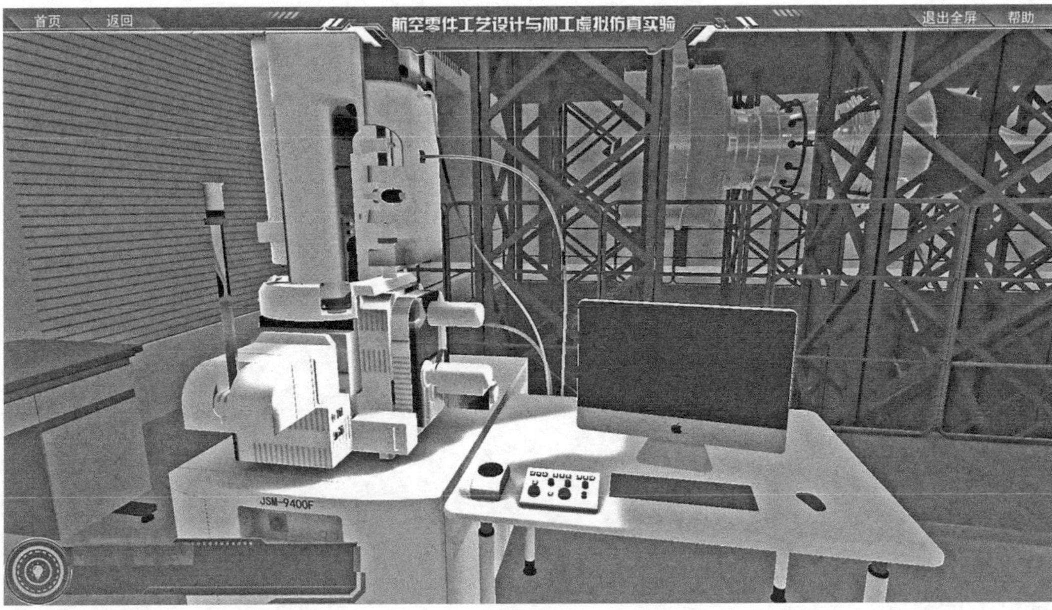

图 6-16
电子显微镜细节观察

四、思考题

（1）影响燃油喷嘴设计的主要参数有哪些？

（2）影响燃油喷嘴打印成形的参数有哪些？

（3）电子显微镜主要检测燃油喷嘴的哪些部分？

实验七：航空发动机机匣数控铣削虚拟仿真实验

仿真演示视频

一、实验目的

知识目标：

通过航空发动机机匣数控铣削的虚拟仿真实验，模拟航空机加工企业的真实环境，掌握典型航空构件数控铣削工艺流程，并通过刀具选择、工艺流程设计及参数确定等，掌握影响数控铣削质量的关键因素。

能力目标：

具备对数控铣削工艺知识重难点进行主动认知与应用的能力，以及对工程难题进行实践创新的能力。

素质目标：

培养安全与规范意识、创新与精益求精的精神。

二、实验原理

数控铣削是一种通过计算机程序控制铣床进行高精度切削加工的技术，凭借多轴联动能力和自动化优势，能够实现复杂结构的高效加工。在航空发动机机匣制造中，数控铣削技术尤为关键，因为机匣作为核心承力部件，通常采用高温合金或钛合金等难加工材料，且对尺寸精度、形位公差及表面质量要求极为严格。通过优化刀具路径、切削参数（如速度、进给量），并分阶段实施粗加工、半精加工和精加工，数控铣削可显著提升机匣的加工一致性，减少人工误差，满足航空发动机对可靠性和性能的严苛要求。

航空发动机机匣的数控铣削流程涵盖编程、装夹、加工与检测全环节：首先基于三维模型生成数控程序，精确规划刀具运动轨迹；随后将工件定位在专用夹具上，选用立铣刀或端铣刀等刀具，结合材料特性设定切削参数；加工过程中实时监控切削状态，确保稳定性；完成后通过三坐标测量机检测尺寸精度，并评估表面粗糙度，最终形成符合航空标准的机匣部件。这一技术体系不仅提升了加工效率，更保障了发动机核心部件的性能与寿命，凸显了数控技术在高端制造中的核心价值。

三、实验内容及步骤

本项目通过建构模型的方法模拟航空发动机机匣数控铣削过程，训练在这种模拟情景下的数控加工工艺设计及创新能力。航空发动机机匣数控铣削过程主要包括结构工艺性分析、数控编程及仿真、实验流程、参数设置等。进行模拟航空发动机机匣数控铣削时，其实验流程依次为：学生交互性操作、数控铣削UG编程方法、数控铣削实验。初始界面如图7-1所示。整个实验主要包括实验简介、设备认知、UG编程、学习模块和考核模块，如图7-2所示。

（1）实验模块一：实验简介

学生必须进行实验前的预习，主要学习实验目的和实验原理，掌握实验目的、数控铣削基本原理、机匣材料与加工工艺、设备与工具、实验过程等，为进行实验操作奠定基础，如图7-3所示。

图 7-1
初始界面

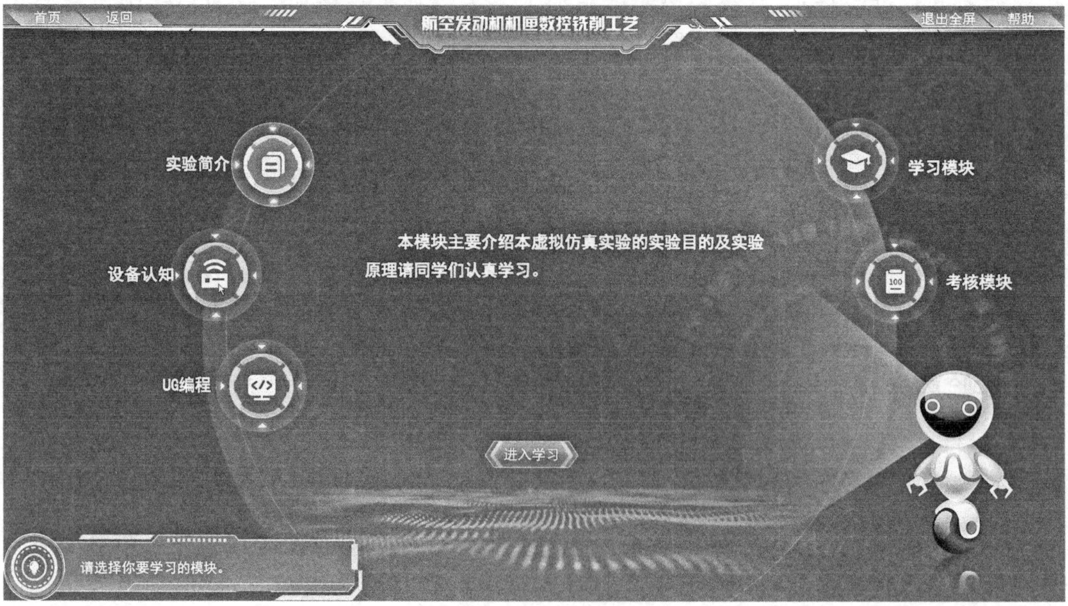

图 7-2
实验模块

（2）实验模块二：设备认知

了解航空发动机机匣、五轴数控铣削加工中心和铣削刀具的三维结构，如图 7-4 所示。

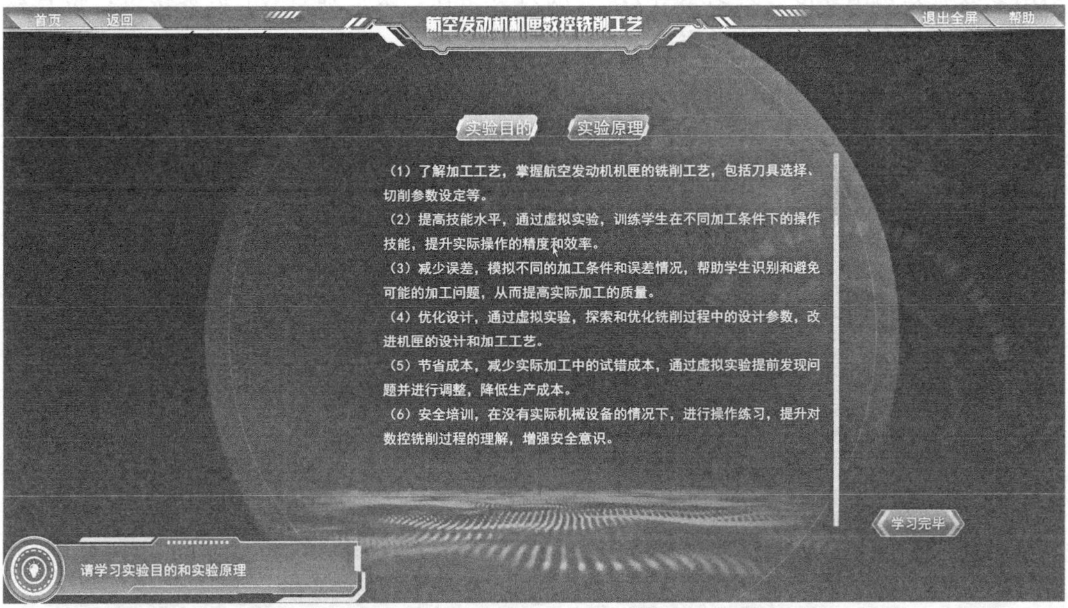

图 7-3
实验简介模块

图 7-4
设备认知模块

（3）实验模块三： UG 编程

本模块主要介绍用 UG 创建的航空发动机机匣三维几何模型，如何根据零件的几何形状和加工要求，选择合适的加工策略，设置刀具参数（如刀具直径、长度等），以及切削参数（如切削速度、进给量等），生成刀具路径。最后通过 VT 仿真模拟，检查数控程序是否存在错误。具体过程如下所述。

① 进入 UG 编程模块，可以看到该模块包括结构工艺性分析、工序卡、UG 自动编程和 VT 仿真四部分，如图 7-5 所示。

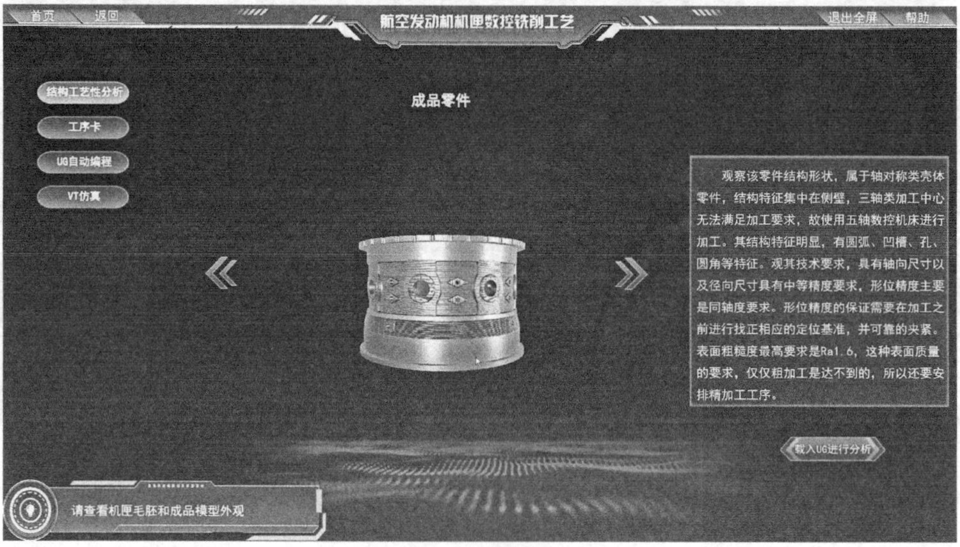

图 7-5
UG 编程模块

② 载入最终零件的 UG 模型，学习如何进行系统的结构分析，掌握零件的结构特点及加工难点，如图 7-6 所示。

图 7-6
结构工艺性分析

③ 根据模型结构特点，学习零件加工工序卡的编制，掌握各部分具体的加工工序、加工所需要的刀具及型号、数控中心的主轴转速、背吃刀量等。工序卡共分为 24 道工序，如图 7-7 所示。

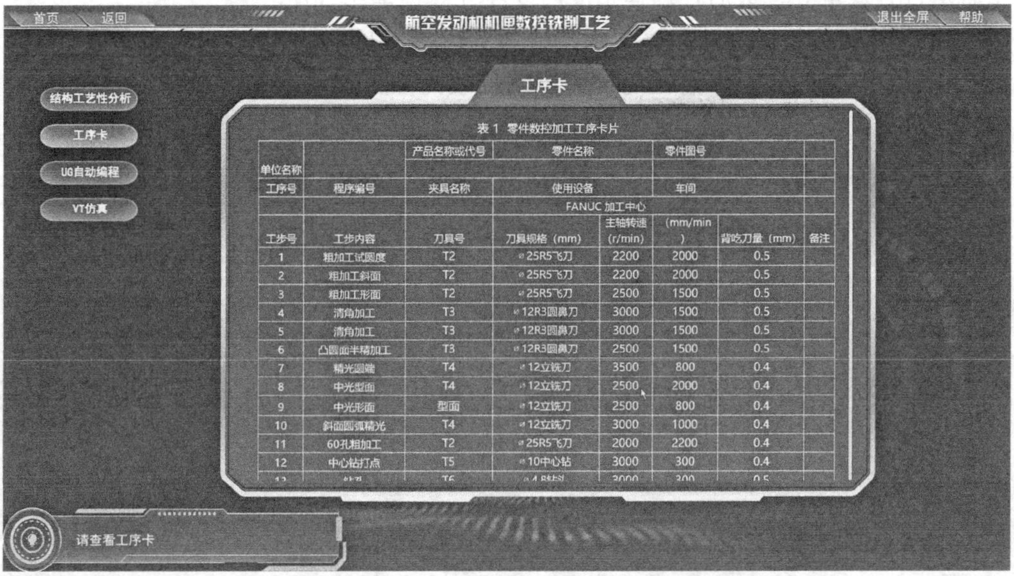

图 7-7
工序卡

④ 进入加工模块，创建几何体、刀具和工序等步骤，建立 MCS 加工坐标系，如图 7-8 所示。首先，创建几何体，指定部件和毛坯；其次，创建刀具，依据加工工序卡

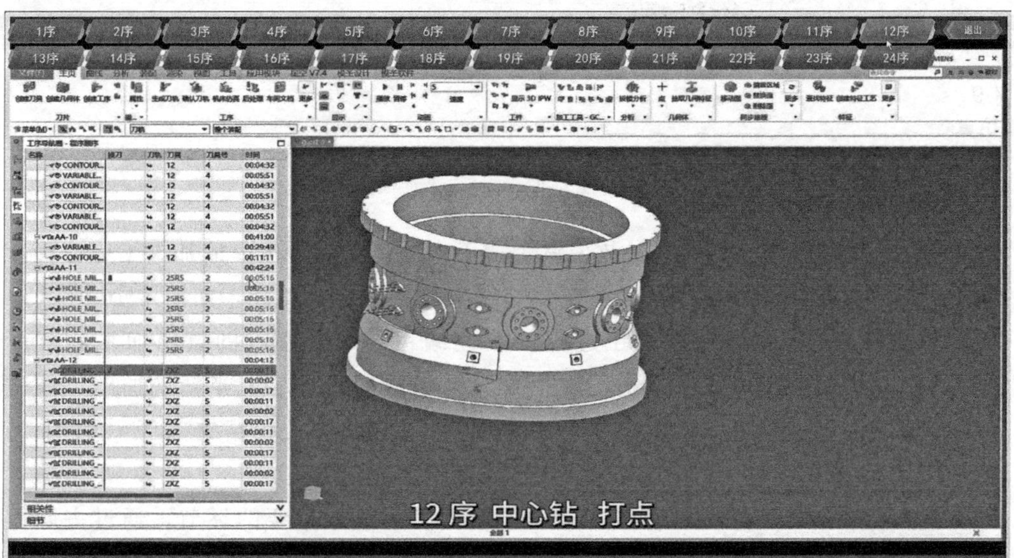

图 7-8
UG 自动编程

中所使用的刀具参数进行创建并对应编号；然后，根据工序卡创建工序，并对这几个工序选择进行相应说明；此外，刀轨设置对切削模式、步距、切削参数、进给率和速度进行展示；生成刀轨并模拟仿真切削加工，检查刀路是否存在碰撞和切削路径是否合理，加工后是否有残留等；最后，选择相应后处理并导出加工程序。

⑤ 根据编制的数控加工程序，学习如何利用 VERICUT（VT）进行数控加工仿真，如图 7-9 所示，检验错误、潜在的碰撞以及低效的加工区域。通过 VERICUT 仿真，数控编程人员可以在将程序传入机床前发现并纠正错误，确保加工过程顺利进行。此外，该仿真还可以验证程序是否有过切、超行程、碰撞等问题，确保加工过程的安全性和可靠性。

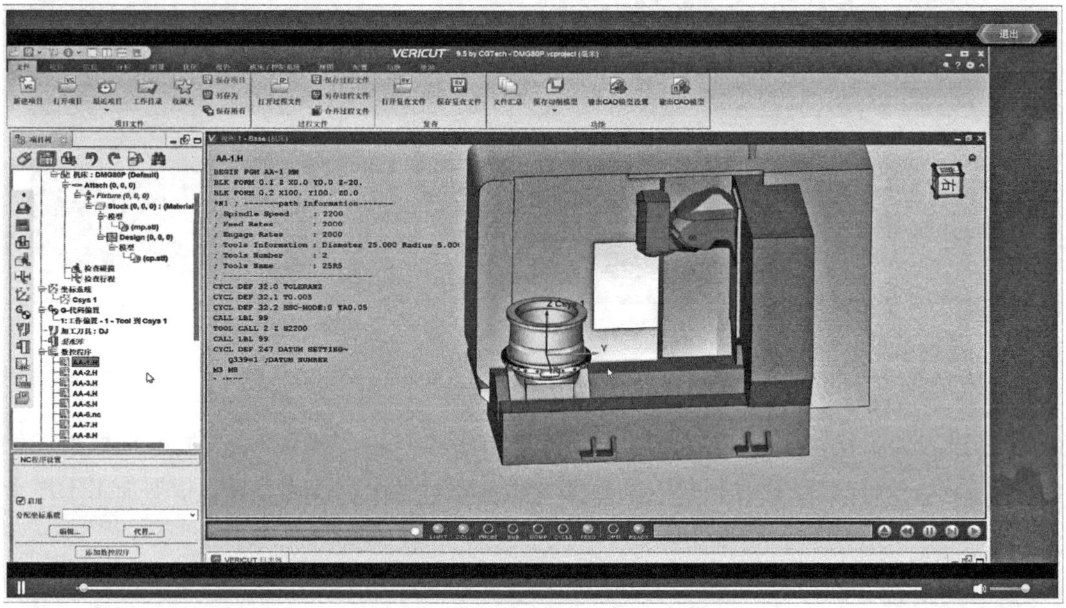

图 7-9
VT 仿真

(4) 实验模块四：学习模块

本模块主要模拟训练利用五轴数控铣削加工中心从毛坯到成品的加工工序流程。

① 进入虚拟加工车间，了解设备布局、结构及各部分的功能，如图 7-10 所示。

② 根据前述的工序卡片及加工过程的数控编程，进入正式的数控加工环节。可以看到，发动机机匣的数控加工分为 9 个部分，包括粗铣加工、半精铣加工、精铣加工、铣孔加工、钻孔加工、镗孔加工、车削加工、摆线加工和精铣加工，如图 7-11 所示。

③ 进入粗铣加工工序。在机匣制造中，粗加工是一个重要的环节，通过去除大部分多余材料，为后续精细加工做准备。粗铣加工能够有效提高整个制造过程的效率和质量。该工序具体包括铣削路径、刀具选择、铣凹槽、铣阶梯结构和铣表面。根据粗铣加工工艺，确定如图 7-12 所示的铣削路径。

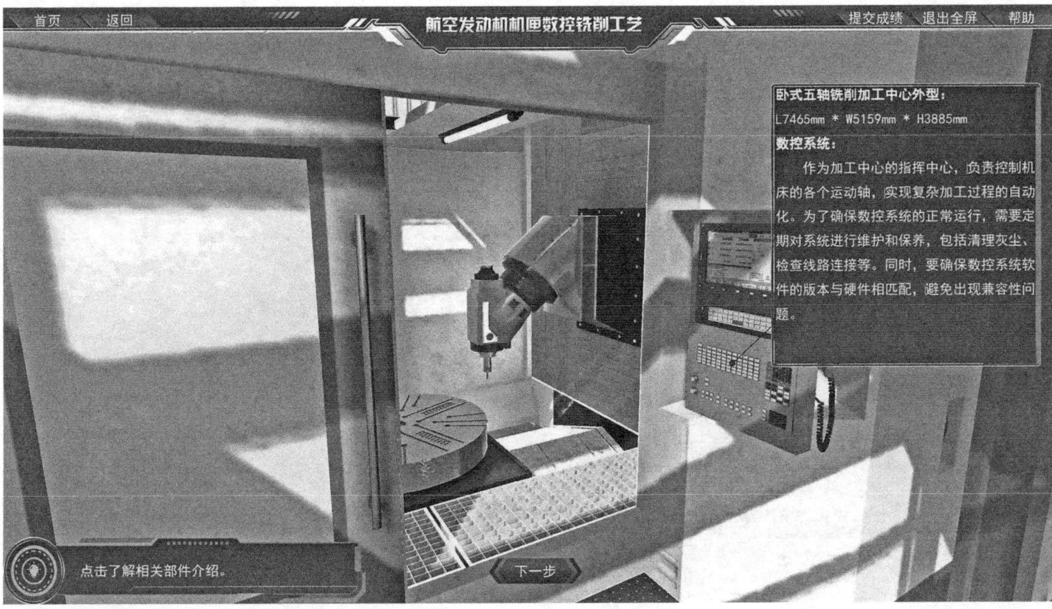

图 7-10
设备布局、结构及功能

图 7-11
具体数控加工流程

④ 基于粗铣加工工艺，在刀具库中选择合适的铣削刀具，如图 7-13 所示。

⑤ 基于选择的刀具开始粗铣凹槽，如图 7-14 所示。

⑥ 更换刀具，对机匣上的阶梯结构进行加工，如图 7-15 所示。

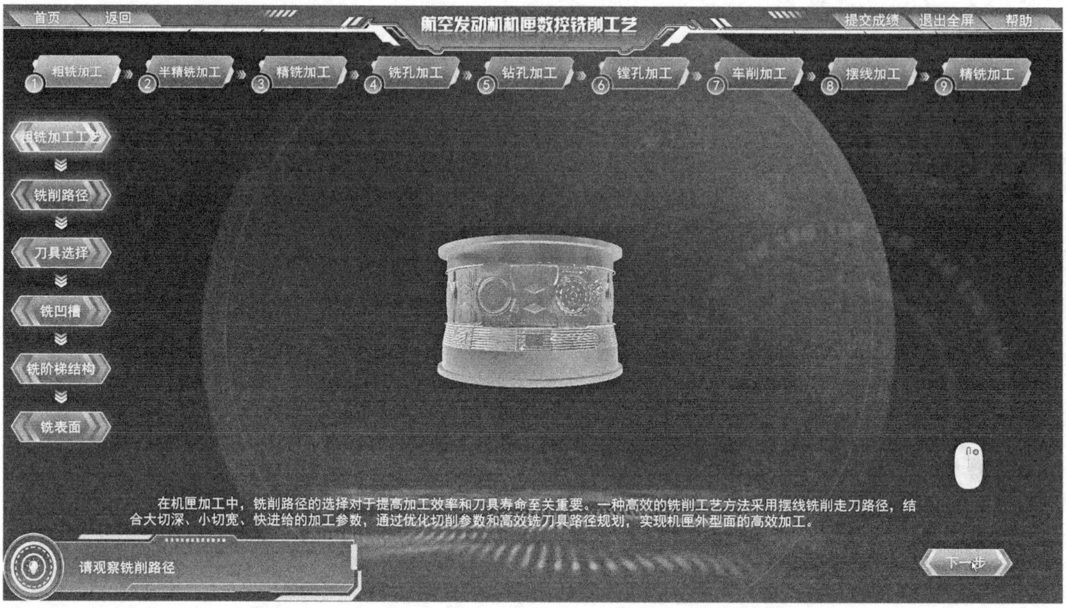

图 7-12
粗铣铣削路径

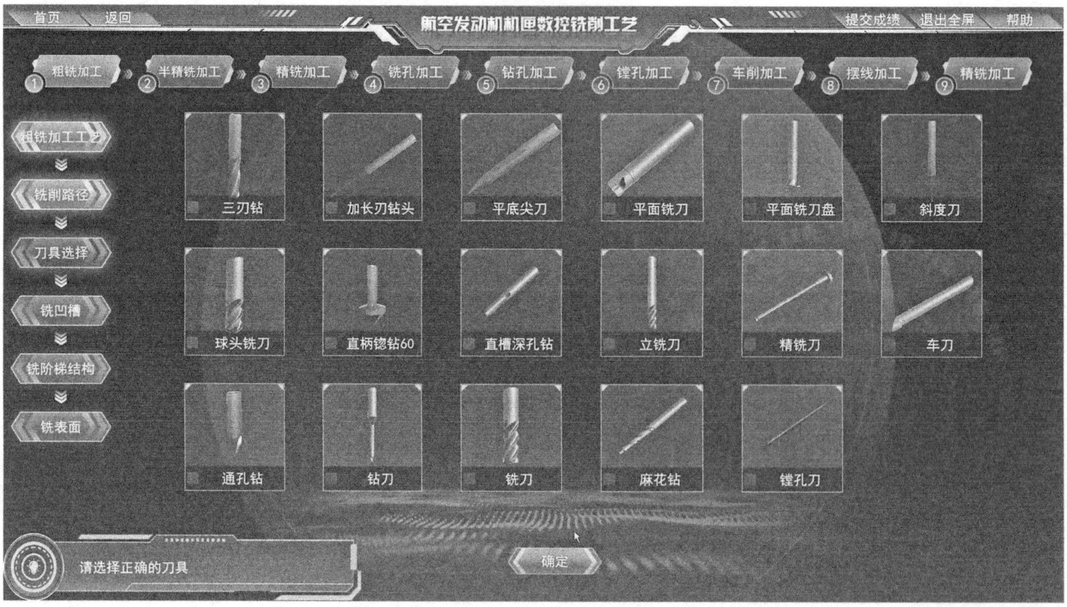

图 7-13
粗铣刀具选择

⑦ 在完成主要特征加工后，对整个外表面进行粗铣加工，如图 7-16 所示。

⑧ 在完成粗铣加工后，进入半精铣步骤。半精铣是数控铣削的重要环节，通过去除多余材料，为精加工提供均匀的加工余量。该步骤能够提高加工精度和效率，降低加

图 7-14
粗铣凹槽

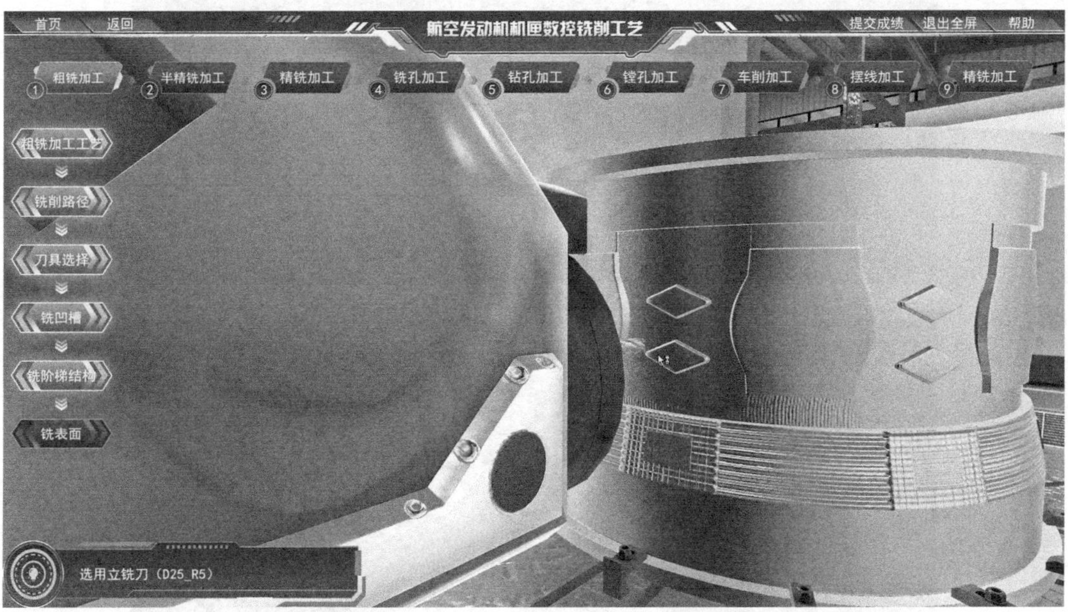

图 7-15
铣阶梯结构

工成本。在该步骤中同样涉及半精铣工艺、铣削路径、刀具选择、参数设置等。半精铣步骤完成前后的效果图如图 7-17 所示，具体过程不再赘述。

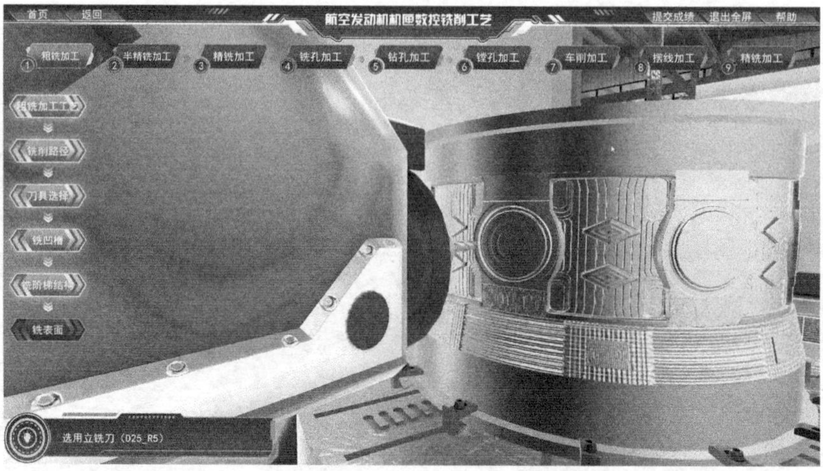

图 7-16
对整个外表面进行粗铣加工

(a) 半精铣加工前的结构

(b) 半精铣加工后的结构

图 7-17
半精铣加工前后的结构对比

⑨ 随后进入精铣加工步骤。精铣的目的是在粗加工基础上，进一步提高产品尺寸和形状精度，降低表面粗糙度，这是实现高精度、高复杂度零件加工的必要步骤。具体过程包括精铣加工工艺、铣削路径、刀具选择、精铣加工。精铣加工后的结构如图 7-18 所示。

图 7-18
精铣加工后的结构

⑩ 完成表面精铣加工后，开始加工孔特征。首先是铣孔加工，其步骤不再赘述，加工后的结果如图 7-19 所示。

⑪ 对于小孔，进行钻孔及镗孔加工。其中，镗孔加工是对钻出的孔进行扩径，并

图 7-19
铣孔加工后的结构

提高孔径精度，纠正孔轴线偏差。孔加工完毕后的结构如图 7-20 所示。

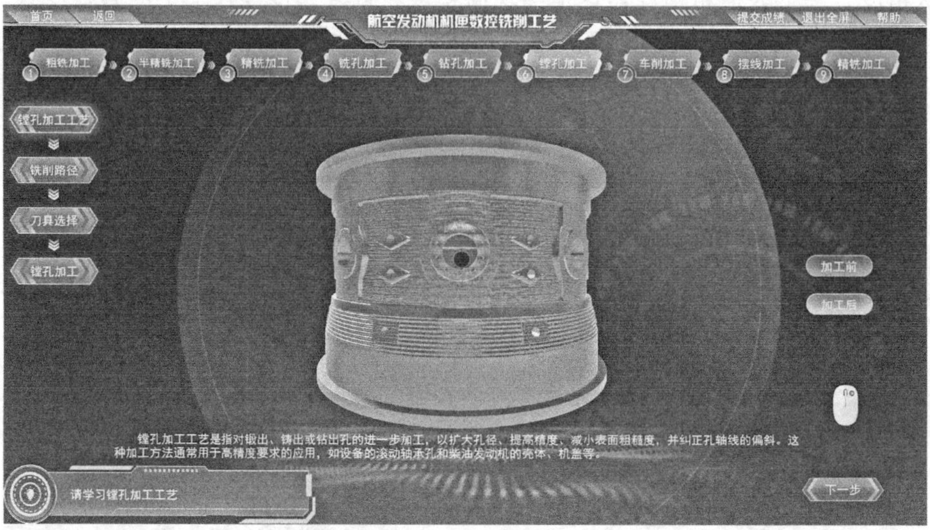

图 7-20
孔加工完毕后的结构

⑫ 上述工序完成后，对机匣端面进行车削加工，如图 7-21 所示。

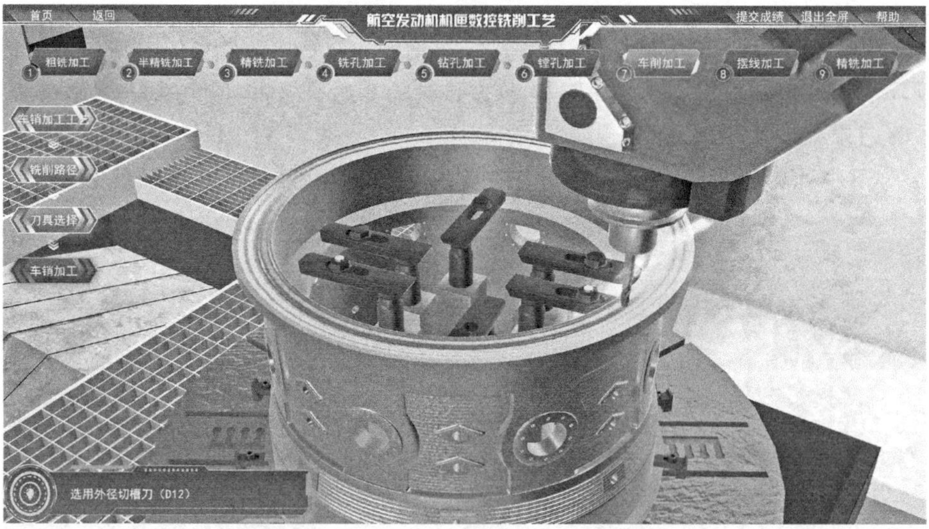

图 7-21
机匣端面车削加工

⑬ 随后对端部的局部特征进行摆线加工。摆线加工是一种特殊的切削模式，采用回环控制的嵌入刀具，通过小的回环切削模式移动刀具，同时在旋转过程中进行切削。这种工艺主要用于改善刀具在工件材料中的工况，减少刀具被包埋的情况，并提高加工质量。摆线加工完成后的结构如图 7-22 所示。

⑭ 在机匣特征全部加工完成后，对机匣进行最后的精铣加工，如图 7-23 所示。

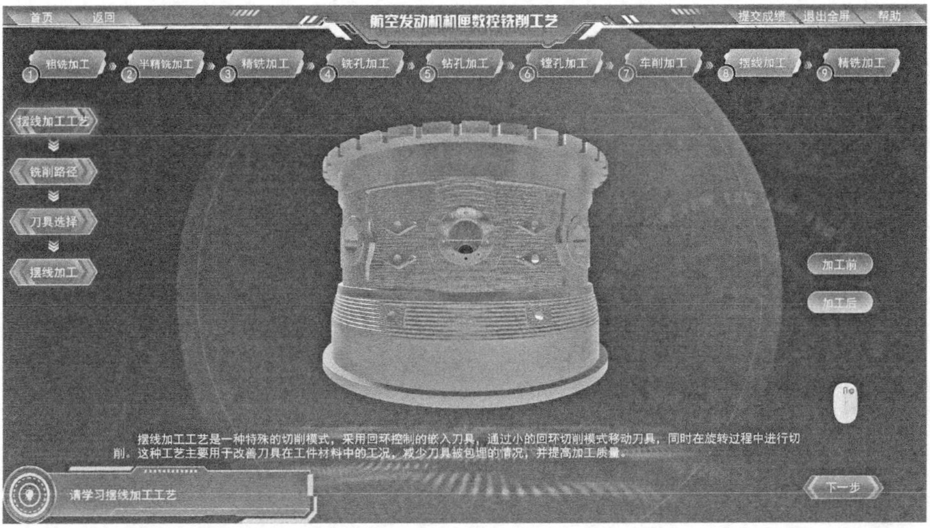

图 7-22
摆线加工完成后的结构

图 7-23
机匣最后的精铣加工过程

（5）实验模块五：考核模块

考核分为两个部分，一方面是检验学生对机匣数控铣削加工全过程是否掌握，另一方面是检测重要知识点。在数控铣削加工全过程检验时，学生针对上述步骤，独立进行一遍操作，然后提交，即可获得相应成绩。成绩评定标准如图 7-24 所示。

此外，对学生进行数控铣削加工的基本知识点考核，题目包括选择题、填空题、简答题等，目的在于强化学生对数控铣削加工基本知识点的掌握。如图 7-25 所示为考核题目。

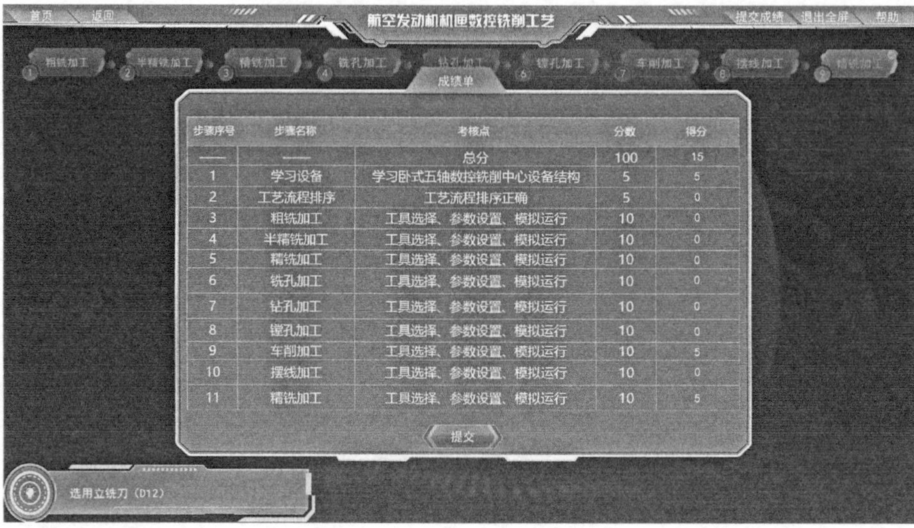

图 7-24
考核成绩评定标准

图 7-25
知识点考核题目

四、思考题

（1）数控铣削加工步骤的确定原则是什么？

（2）机匣数控铣削加工的基本工艺流程是什么？

（3）机匣数控铣削加工不同加工工序的原理及目的是什么？

实验八：航空发动机构件电阻点焊熔核动态行为及质量判识虚拟仿真实验

一、实验目的

知识目标：

针对电阻焊熔核形成过程的不可见性和瞬时性，借助虚拟仿真实验使学生直观认识电阻焊过程中熔核成形的动态行为，加深对电阻焊成形原理的理解，掌握焊接工艺参数对铝合金熔核成形的影响的规律。

仿真演示视频

通过虚拟仿真实验，了解大厚度差铝合金电阻点焊熔核成形规律，分析影响焊点质量的主要因素，提出改善熔核偏移的措施。了解电阻点焊机的结构，掌握点焊机过程参数传感器的原理与安装技巧，研究铝合金电阻点焊过程中焊接电流、电极压力及电极热膨胀位移曲线特征，掌握铝合金电阻点焊在线质量判识技术。

能力目标：

对电阻焊过程中熔核成形的动态行为进行主动认知与应用的能力；熟悉铝合金电阻点焊质量检验标准（HB 5276），对比分析传统试片检测与在线检测的优缺点，培养学生的创新思维及能力。

素质目标：

培养工匠精神和责任意识，具有家国情怀和国际视野。

二、实验原理

电阻点焊是将被焊金属工件压紧于两个电极之间，并通以电流，利用电流经过工件有限接触面而急剧产生的电阻热，加热至熔化的状态，使之形成冶金结合，即在所谓的“点”被焊接起来，形成扁球状熔核，如图 8-1 所示。

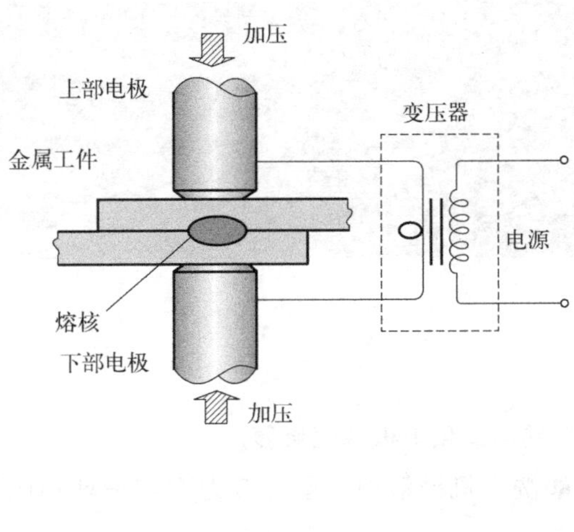

图 8-1
电阻点焊焊接示意图

电阻点焊过程中，因两金属工件焊接面接触不充分，容易在接触面产生大量电阻热，产生的热量可以用 $Q=I^2Rt$ 表示。界面接触电阻除了与金属材料本身有关，还主要取决于电极压力。因此，焊接电流、电极压力、通电时间、电极形状与尺寸等将影响熔核区的产热量，影响熔核形成。焊点强度取决于熔核直径大小。

电阻焊质量控制技术属于焊接过程中的质量控制，通常包括实时稳定控制焊接参数和控制焊接过程中反映焊点状态的物理量：焊接参数主要包括电流、电极间电压、动态电阻、能量等；反映焊点状态的物理量主要包括电极位移、压痕、红外辐射等。被监测参数必须满足以下要求：含有与焊点质量密切相关的信息、相对容易被监测、不容易受外界干扰因素的影响、具有良好的重复性和连续性。

焊点的在线质量判识主要依据铝合金电阻点焊质量航空检测标准，因此需要了解铝合金电阻点焊质量检验标准（HB 5276）的评判方法和评价体系，掌握焊点质量检验实验的基本要求和目的。

三、实验内容及步骤

电阻点焊熔核动态行为及质量判识虚拟仿真实验，主要包括焊接材料选择、焊前清理和电极端面修复、焊接参数设定、电极设计及焊点质量判识共 5 个环节。

（1）实验模块一：焊接材料选择

选择板材：等厚（2.0mm＋2.0mm）、非等厚（2.0mm＋1.0mm、2.0mm＋0.5mm）。材料选择如图 8-2 所示。

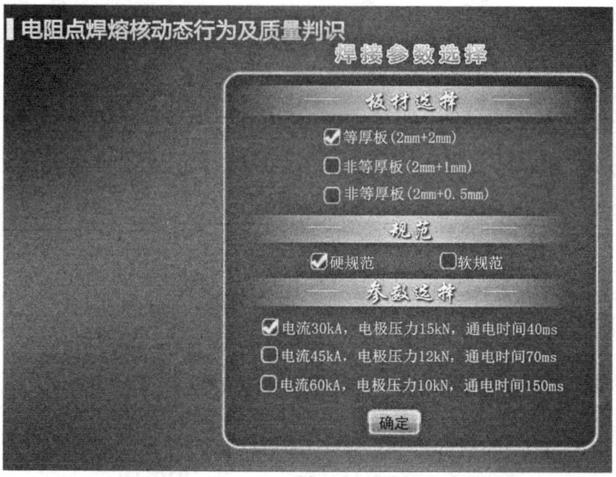

图 8-2
材料选择

（2）实验模块二：焊前清理和电极端面修复

酸洗、机械清理、酸洗＋机械清理。图 8-3 为焊前清理和电极端面结构修复操作示意图。

（3）实验模块三：焊接参数设定

① 软、硬规范设置：电阻点焊过程选择硬规范。软、硬规范设置如图 8-4 所示。

② 等厚-硬规范（2.0mm＋2.0mm），可供选择的参数有 3 组：参数 1，电流小于 35kA，电极压力大于 15kN，通电时间小于 40ms；参数 2，电流 35～55kA，电极压力

图 8-3
焊前清理和电极端面结构修复

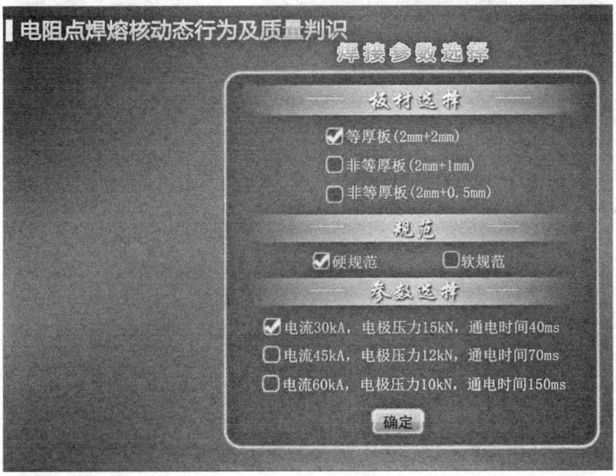

图 8-4
软、硬规范设置

10～15kN，通电时间 40～100ms；参数 3，电流大于 55kA，电极压力小于 10kN，通电时间大于 100ms。模拟实验选择参数 2 进行，参数为 $I=45$kA，$P=12$kN，$t=70$ms。图 8-5 为参数选择的操作示意图。

利用 $I=45$kA，$P=12$kN，$t=70$ms 参数得到的焊点形貌如图 8-6 所示。

③ 等厚-软规范（2.0mm+2.0mm），可供选择的参数有 3 组：参数 1，电流小于 15kA，电极压力大于 15kN，通电时间大于 100ms；参数 2，电流 15～35kA，电极压力 10～15kN，通电时间 100～200ms；参数 3，电流大于 35kA，电极压力小于 10kN，通电时间大于 200ms。模拟实验选择参数 2 进行，参数为 $I=25$kA，$P=12$kN，$t=150$ms。参数设置选择操作示意如图 8-7 所示。

利用 $I=25$kA，$P=12$kN，$t=150$ms 参数得到的焊点形貌如图 8-8 所示。

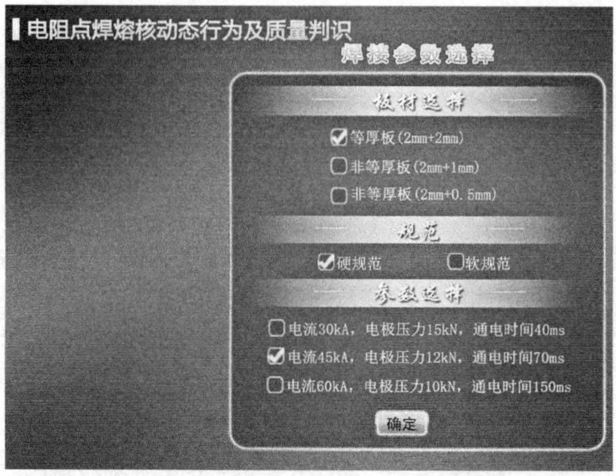

图 8-5
焊点参数设置：$I = 45kA$，$P = 12kN$，$t = 70ms$

图 8-6
$I = 45kA$，$P = 12kN$，$t = 70ms$ 时的焊点形貌

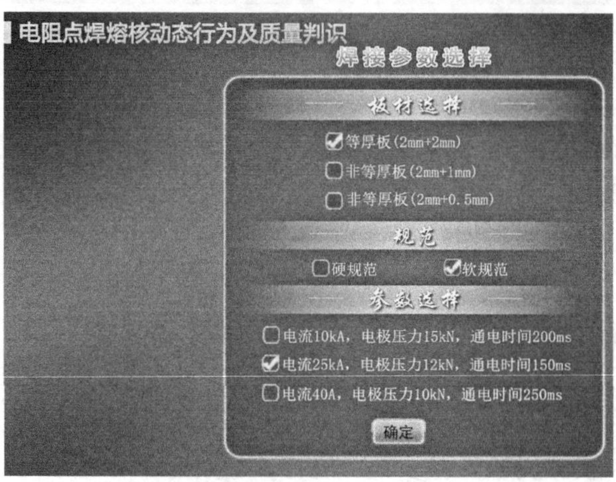

图 8-7
焊点参数设置：$I = 25kA$，$P = 12kN$，$t = 150ms$

图 8-8
$I=25$kA，$P=12$kN，$t=150$ms 时的焊点形貌

④ 非等厚-硬规范（2. 0mm＋1. 0mm），可供选择的参数有 3 组：参数 1，电流小于 20kA，电极压力大于 3kN，通电时间小于 40ms；参数 2，电流 20～30kA，电极压力 3～5kN，通电时间 40～60ms；参数 3，电流大于 30kA，电极压力小于 5kN，通电时间大于 60ms。模拟实验选择参数 2 进行，图 8-9 为 $I=25$kA，$P=4$kN，$t=50$ms 参数设置操作选择。

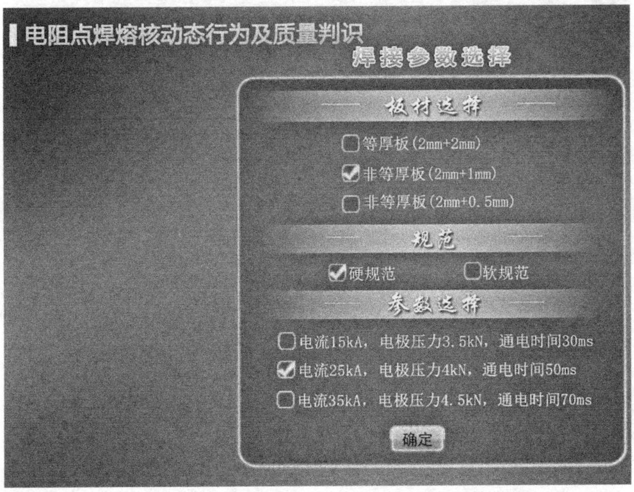

图 8-9
焊点参数设置：$I=25$kA，$P=4$kN，$t=50$ms

利用 $I=25$kA，$P=4$kN，$t=50$ms 参数得到的焊点形貌如图 8-10 所示。

⑤ 非等厚-软规范（2. 0mm＋0. 5mm）：参数 1，电流小于等于 4kA，电极压力大于等于 2kN，通电时间小于 40ms；参数 2，电流 4～12kA，电极压力 2～3kN，通电时间 40～60ms；参数 3，电流大于 12kA，电极压力小于 3kN，通电时间大于 60ms。模拟实

验选择参数 1 进行，图 8-11 为 $I=4\text{kA}$，$P=2\text{kN}$，$t=30\text{ms}$ 参数设置操作选择，图 8-12 为该参数下的焊点形貌图。

图 8-10
$I=25\text{kA}$，$P=4\text{kN}$，$t=50\text{ms}$ 时的焊点形貌

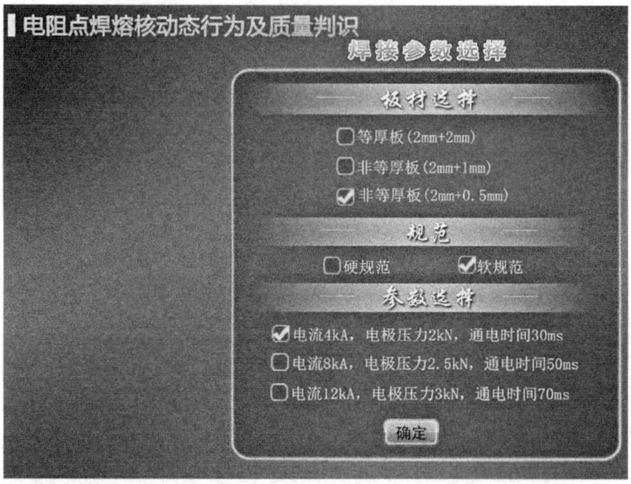

图 8-11
焊点参数设置：$I=4\text{kA}$，$P=2\text{kN}$，$t=30\text{ms}$

（4）实验模块四：电极设计

针对等厚和非等厚材料进行电阻点焊时需采用不同的电极设计，本模拟实验以非等厚（2.0mm＋1.0mm）材料为例，如图 8-13 所示。

① 厚板侧实施措施（2.0mm＋1.0mm）：采用不同电极材料、采用不同直径电极、改变水冷位置、采用凸焊工艺。

采用不同直径电极的焊点形貌如图 8-14 所示。

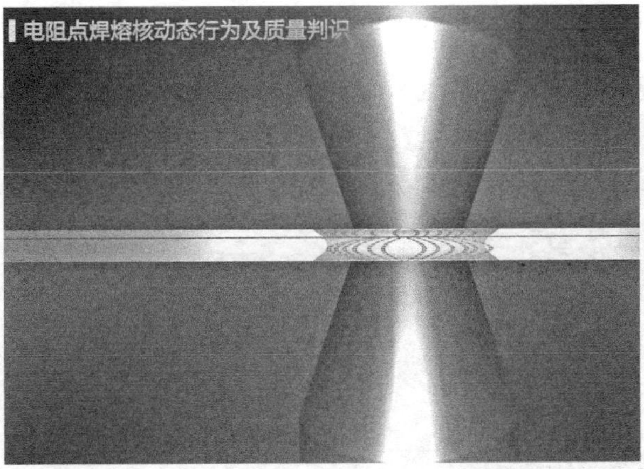

图 8-12
$I = 4kA$，$P = 2kN$，$t = 30ms$ 时的焊点形貌

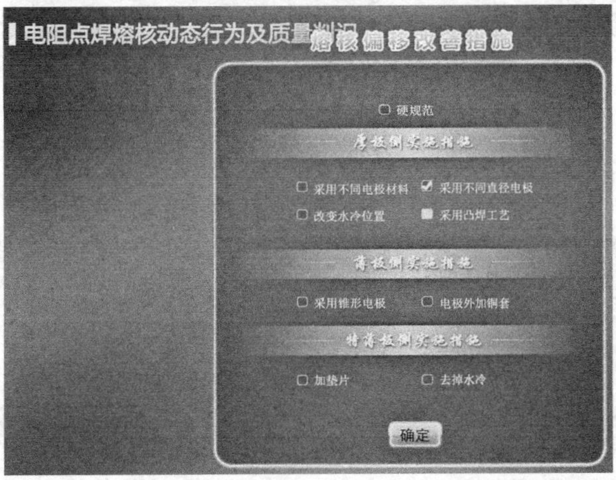

图 8-13
厚板侧实施措施

图 8-14
不同直径电极的焊点形貌

实验八

② 薄板侧实施措施 (2. 0mm+1. 0mm)：采用锥形电极、电极外加铜套（图 8-15)。

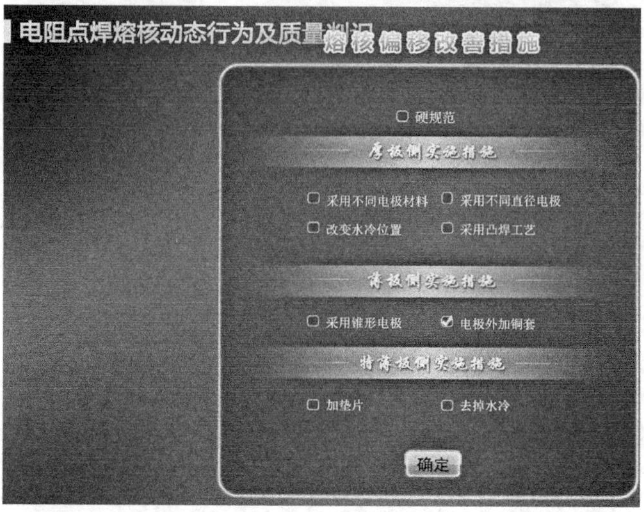

图 8-15
薄板侧实施措施

采用电极外加铜套的焊点形貌如图 8-16 所示。

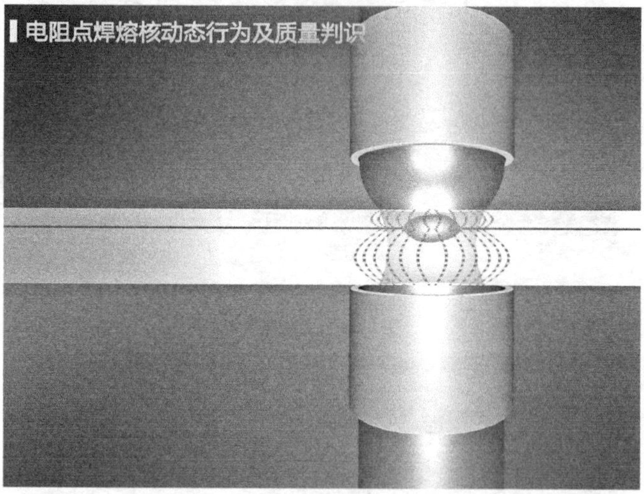

图 8-16
电极外加铜套的焊点形貌

（5）实验模块五：焊点质量判识

针对等厚和非等厚材料焊点质量判识，本模拟实验以等厚板-电极曲线（2. 0mm+2. 0mm)、硬规范为例的焊点形貌如图 8-17 所示。

针对等厚板-电极曲线（2. 0mm＋2. 0mm)、硬规范焊点质量在线判识如图 8-18 所示。

图 8-17
本模拟实验的焊点形貌

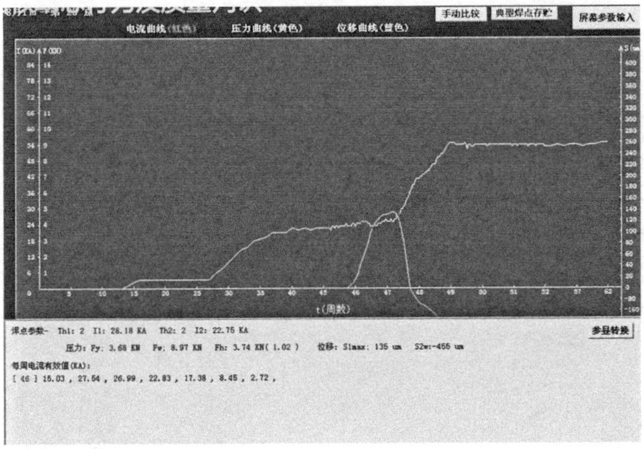

图 8-18
焊点质量在线判识

四、思考题

(1) 电阻点焊的工作原理及特点是什么?

(2) 电阻点焊材料的选择和电极头对焊缝质量有何影响?

(3) 电阻点焊不同工艺参数对焊缝质量有何影响?

实验九：航空发动机机匣电子束焊接虚拟仿真实验

一、实验目的

知识目标：

通过采用虚拟仿真实验模拟航空发动机机匣的电子束焊接过程（电子束焊接过程主要包括实验流程、设计焊接参数及焊接顺序），使学生掌握航空发动机机匣的结构特征，训练学生在这种模拟情境下的焊接工艺设计和创新能力，并实时展示电子束焊接过程动态效果，增强理论课的实践效果。

仿真演示视频

能力目标：

掌握电子束焊接工艺对焊缝成形及接头变形的影响规律，具备处理航空发动机机匣电子束焊接变形及调控的能力。

素质目标：

培养航空制造业必需的严谨性与系统性思维，为塑造航空工程师奠定基础。

二、实验原理

电子束焊接的基本原理是电子枪中的阴极由于直接或间接加热而发射电子。该电子在高压静电场的加速下再通过电磁场的聚焦就可以形成能量密度极高的电子束，用此电子束去轰击工件，巨大的动能转化为热能，使焊接处工件熔化，形成熔池，随焊冷却，从而实现对工件的焊接，其原理如图 9-1 所示。

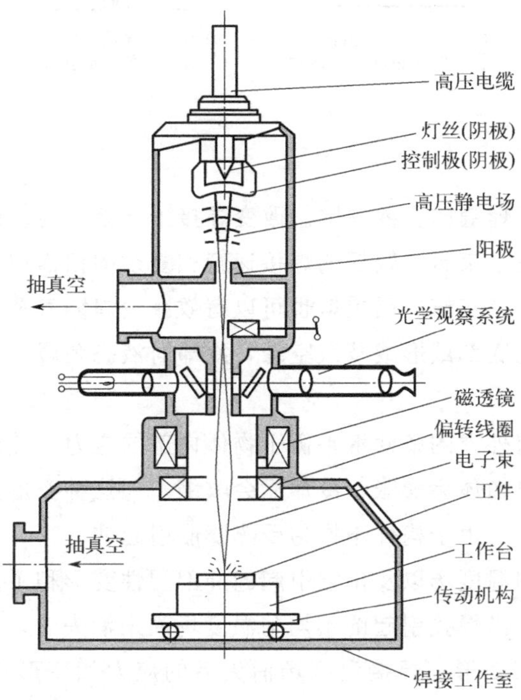

图 9-1
真空电子束焊接原理图

焊接时工件受到不均匀加热并使焊缝区熔化，与焊接熔池相邻的高温区金属的热膨胀则受到周围冷态金属的制约，产生不均匀的压缩塑性变形。在冷却过程中，已经发生压缩塑性变形的这部分金属同样受到周围金属的制约而不能自由收缩，并在一定程度上受到拉伸而卸载。与此同时，熔池凝固、焊缝金属冷却收缩也因受到制约而产生收缩拉应力和变形。

焊接时局部不均匀热输入是产生焊接应力与变形的决定性因素。改变焊接工艺参数（焊点电流、焊接速度、焦点位置、扫描波形等）、焊接顺序、组装顺序、装夹方式、预热等均会影响工件的残余应力与变形。

电子束是在高真空环境中由电子枪产生的。当电子枪中的阴极被加热后，由于热发射效应，阴极表面发射的电子在高压静电场的加速下再通过电磁场的聚焦就可以形成能量密度极高的电子束。当高功率密度的电子束撞击到工件表面，电子的动能转变为热能，使金属迅速熔化和蒸发。在高压金属蒸汽的作用下熔化的金属被排开，电子束继续撞击深处的固态金属，同时很快在被焊工件上钻出一个匙形小孔（图 9-2），小孔的周围被液态金属包围。随着电子束与工件的相对移动，液态金属沿着小孔周围流向熔池后部，逐渐冷却、凝固形成焊缝。

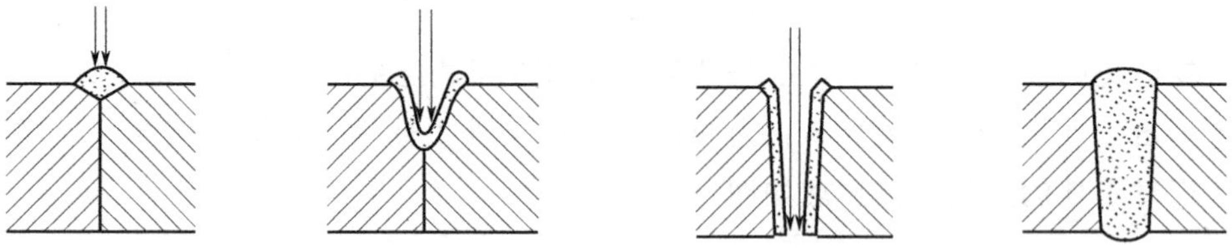

(a) 接头出现局部熔化、蒸发　(b) 金属蒸发排开液体金属，电子束深入“母材”　(c) 电子束穿透工件，小孔由液态金属包围　(d) 电子束焊后形成焊缝

图 9-2
电子束焊接焊缝成形原理

气孔是电子束焊接焊缝的主要缺陷。改变焊接工艺参数可以改变焊缝气孔数量和大小。通常采用较大的电子束斑、较低的焊接速度和复杂的扫描波形可以减少或消除气孔缺陷。彻底清除氧化膜、实施焊后重熔也可以有效减少焊缝气孔。随着束流增大，熔池的不稳定性增加，匙孔底部或形成蒸汽空腔，冷却时液态金属来不及填充，最终会形成钉尖缺陷。

内应力是指在没有外力的条件下平衡于物体内部的应力。热胀冷缩是自然界中普遍存在的一种现象。受热物体会膨胀，冷却后会收缩。如这种变形受到约束，则会在物体内部产生应力，热应力是由于构件不均匀受热膨胀引起的。

焊接过程的不均匀温度场以及由它引起的局部塑性变形和不同的组织是产生焊接应力和变形的根本原因。当焊接引起的不均匀温度场尚未消失时，焊件中的这种应力和变形称为瞬态焊接应力和变形；焊接温度场消失后的应力和变形称为残余焊接应力和变形。在没有外力作用的条件下，焊接应力在焊件内部是平衡的。焊接应力和变形在一定条件下会影响焊件的功能和形状。

改变焊接束流、焊接速度、扫描波形等焊接工艺参数，可以改变接头温度分布，以及焊缝压缩塑性变形区大小，从而改变接头的应力分布特征及大小；改变焊接顺序、工件组装顺序、冷却方式以及工件装夹方式等，可以改变焊缝温度场分布规律、应力分布特征，从而减少焊接变形。

三、实验内容及步骤

进行模拟航空发动机机匣电子束焊接前，应当对电子束焊接实验的主要过程有所了解，其过程如下所述。

① 焊前清理状态：机械打磨、酒精清洗。

② 板厚及焊缝间隙设置：板厚 1～3mm；焊缝间隙小于 0.1mm。

③ 焊接参数设定：聚焦电流 502～504mA；焊接束流 7～26mA；焊接速度 1000～2200mm/min；扫描波形为圆形波，半径为 0.5mm，频率为 500Hz。

④ 焊接及组装顺序：连续焊、分段焊。

⑤ 顺序：线下焊接＋拼焊、线上统一焊接。

⑥ 封焊及修饰焊参数设置：聚焦电流、焊接束流、焊接速度。

进行模拟航空发动机机匣电子束焊接时，其实验流程依次为：学生交互性操作、实验前的预习以及实验操作。

（1）实验模块一：学生交互性操作

进入网站了解项目描述、特色、网络要求等相关信息后，可点击“开始实验”。实验项目界面如图 9-3 所示。

图 9-3
实验项目界面

(2）实验模块二：实验前的预习

进入实验界面后，出现“学习模式”和“考核模式”，如图 9-4 所示。学习模式主要是实验前的预习，主要学习实验目的、实验原理、设备认知，掌握实验目的、实验原理、实验设备的基本结构和功能，为进行实验操作奠定基础，如图 9-5 所示。图 9-6 为实验原理模块，通过对该模块下滚动文字的学习，掌握电子束焊接实验原理。

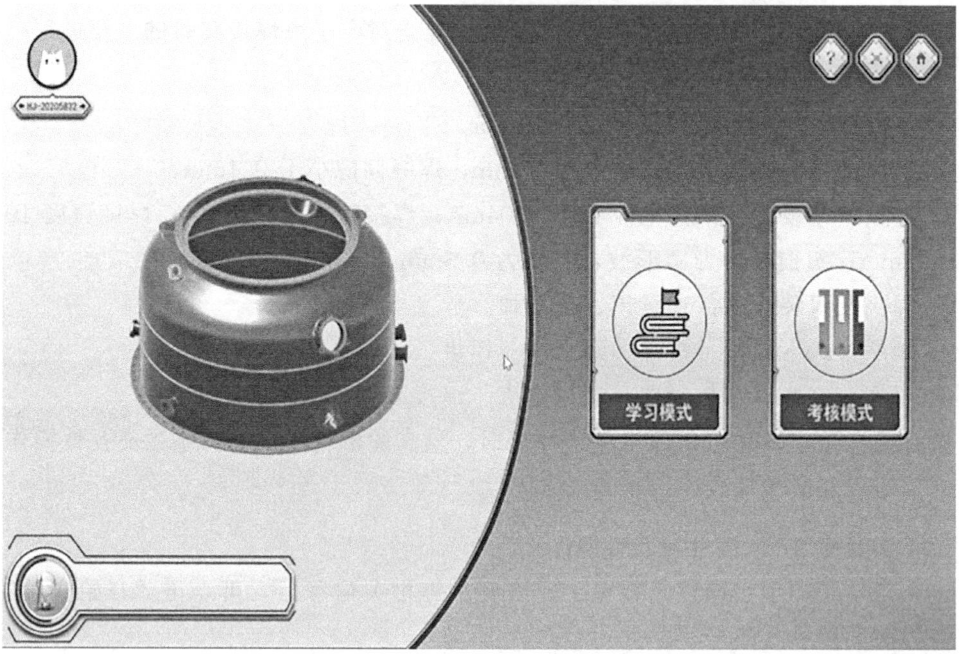

图 9-4
模式选择界面

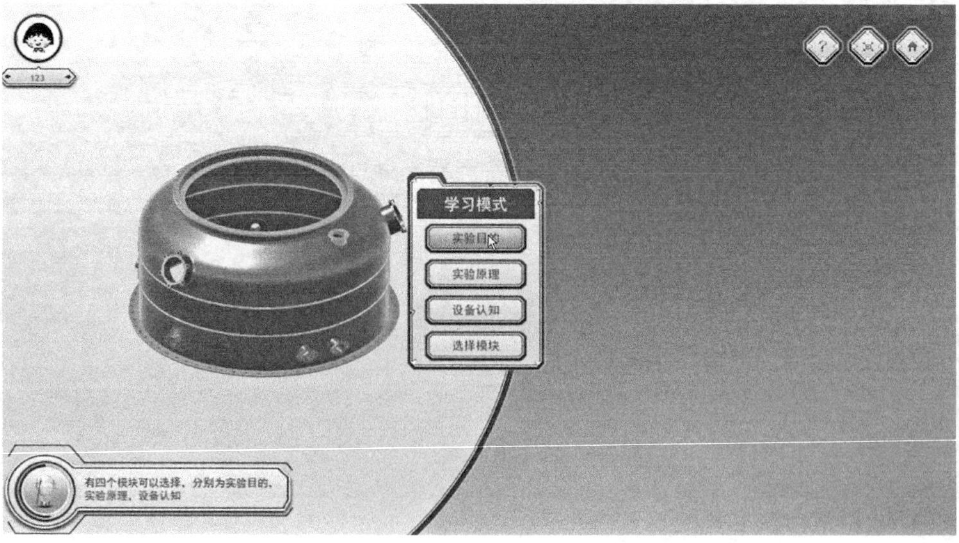

图 9-5
学习模式

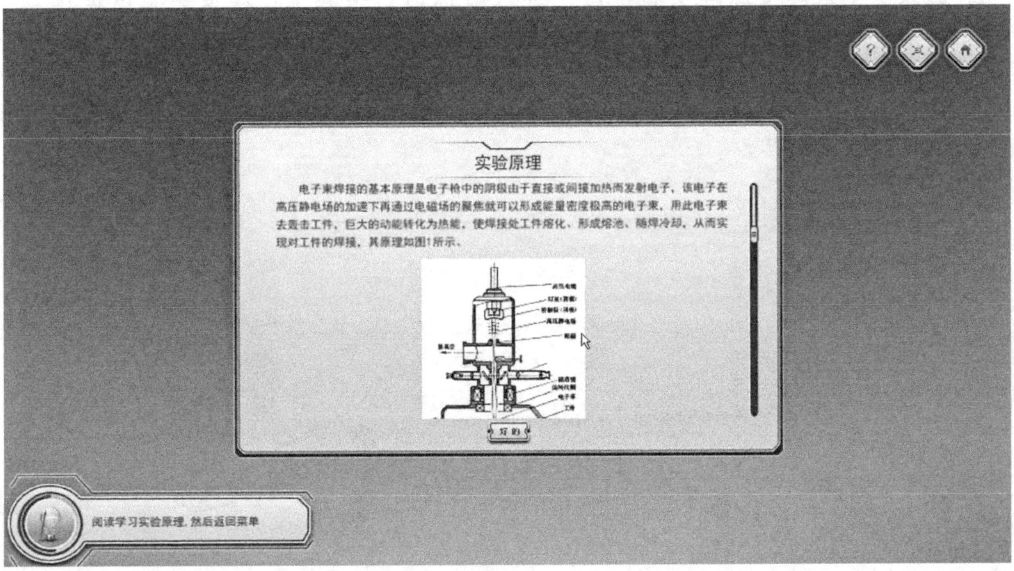

图 9-6
实验原理模块

（3）实验模块三：实验操作

点击“选择模块”进入实验，可以看到三个实验：电子束焊接原理实验、焊接变形机理实验、机匣变形调控实验，如图 9-7 所示。

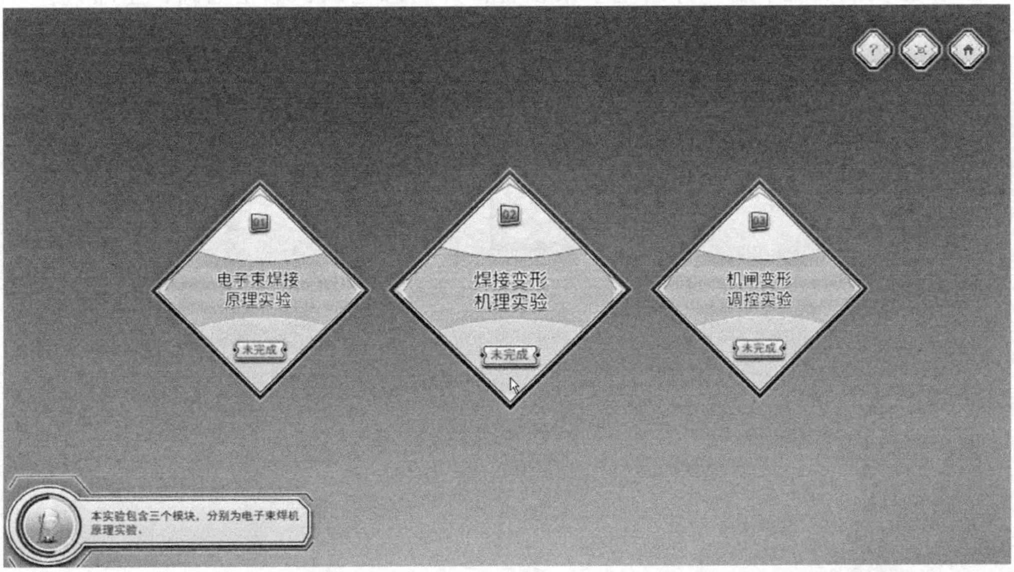

图 9-7
实验模块

① 电子束焊接原理实验。电子束焊接原理实验主要用于让学生了解电子束焊接实验原理，理解电子束焊接成形及变形规律，激发学生学习兴趣。

a. 进入电子束焊接原理实验，首先进入虚拟仿真实验室，焊接实验试板预处理，采用丙酮去除焊接试板表面油污，采用砂轮打磨试板表面，去除表面氧化膜，减少焊缝气孔，提高焊缝焊接质量。图 9-8 为实验预处理操作示意图。

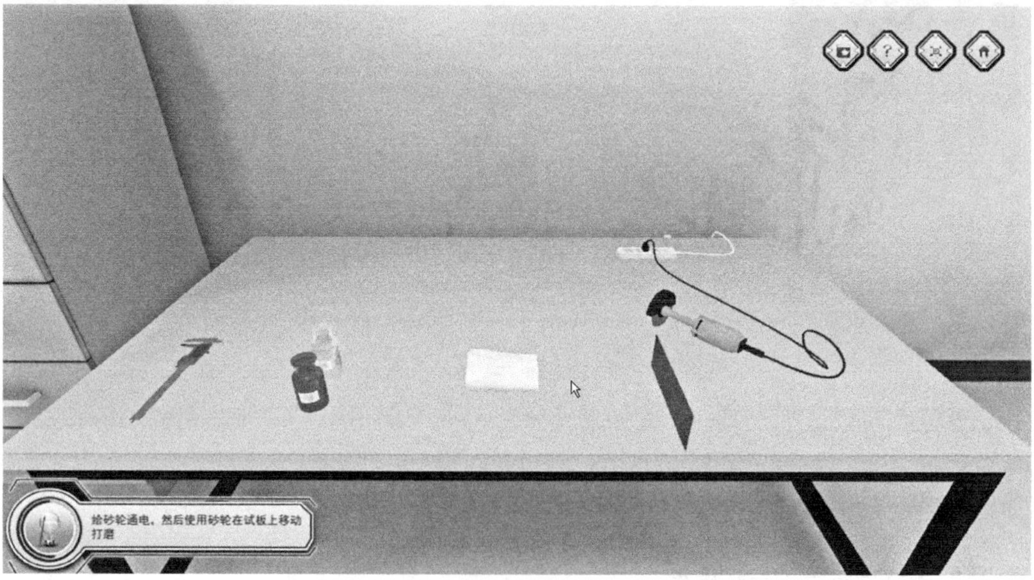

图 9-8
实验预处理

b. 严格按照实验手册，开启电子束设备：开启总电源、稳压电源、压缩气体、控制柜电源。电子束设备开关如图 9-9 所示。

图 9-9
电子束设备开关

c. 检查真空室的真空状态，判断真空室是否漏气。开启电子束真空腔，将焊接工作台移动到真空腔外，按要求装夹焊件，焊接面需对齐、间隙通常小于 0.1mm。真空腔如图 9-10 所示，焊接试样送进真空室后，关闭真空腔室门，一键启动抽真空操作，其设置如图 9-11 所示。

图 9-10
真空腔

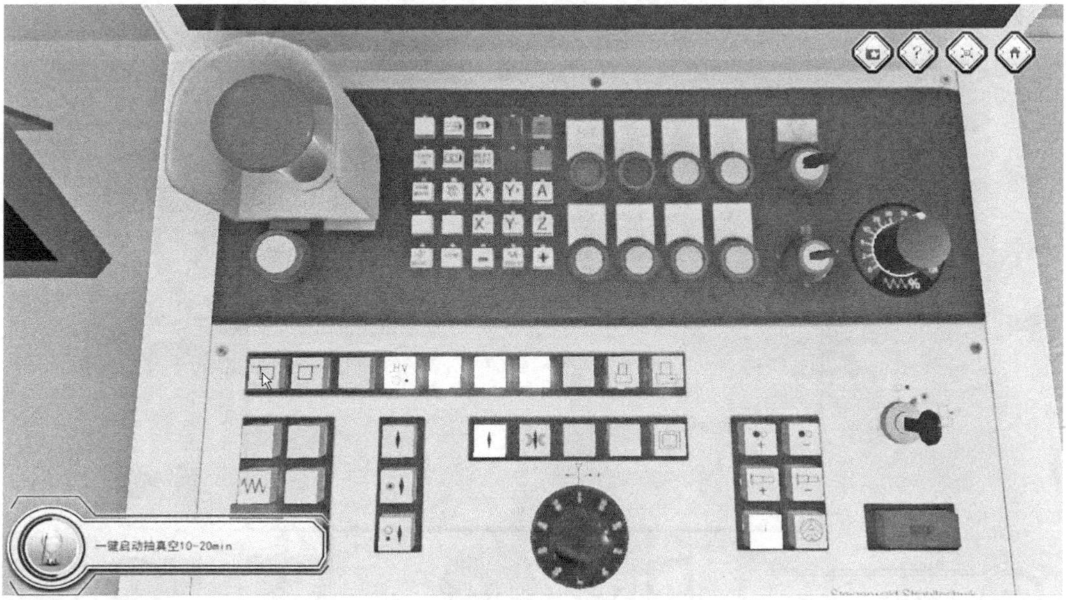

图 9-11
抽真空设置界面

实验九

d. 当真空度达到焊接要求后，出束、调焦、对中。将十字光标对中焊缝，选择示教模式，移动焊接工件，让十字光标沿焊缝对接面运动，生成运动轨迹。调节聚焦电流，让电子束光斑在焊缝表面聚焦。电子束调焦、对中如图 9-12 所示。

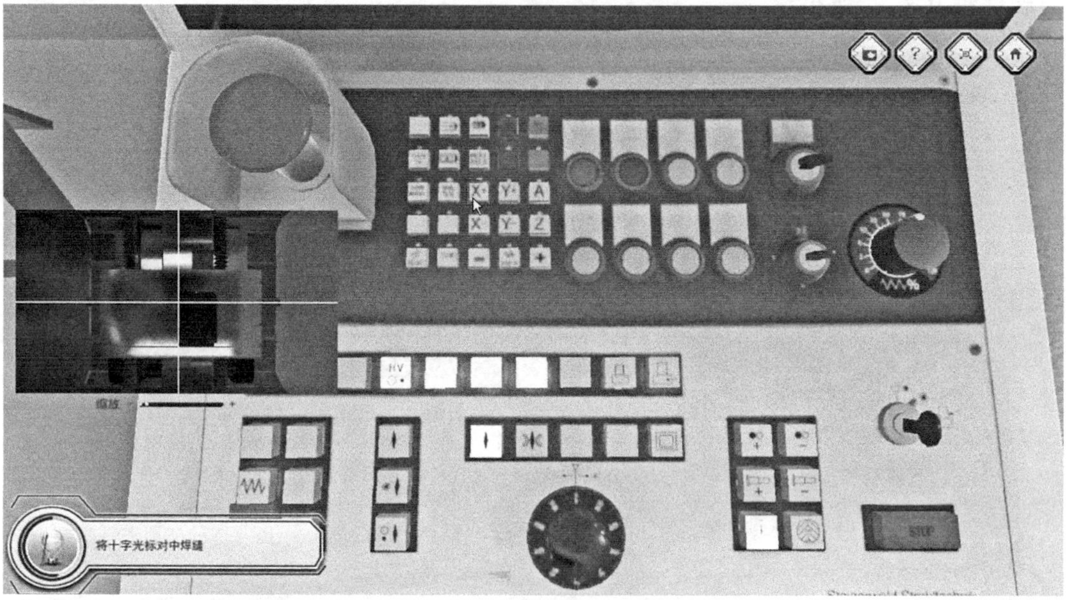

图 9-12
电子束调焦、对中

e. 进入焊接参数设置界面，设定焊接参数：焊接束流、聚焦电流、焊接速度、扫描波形、扫描频率、扫描半径等。图 9-13 为焊接参数设置。

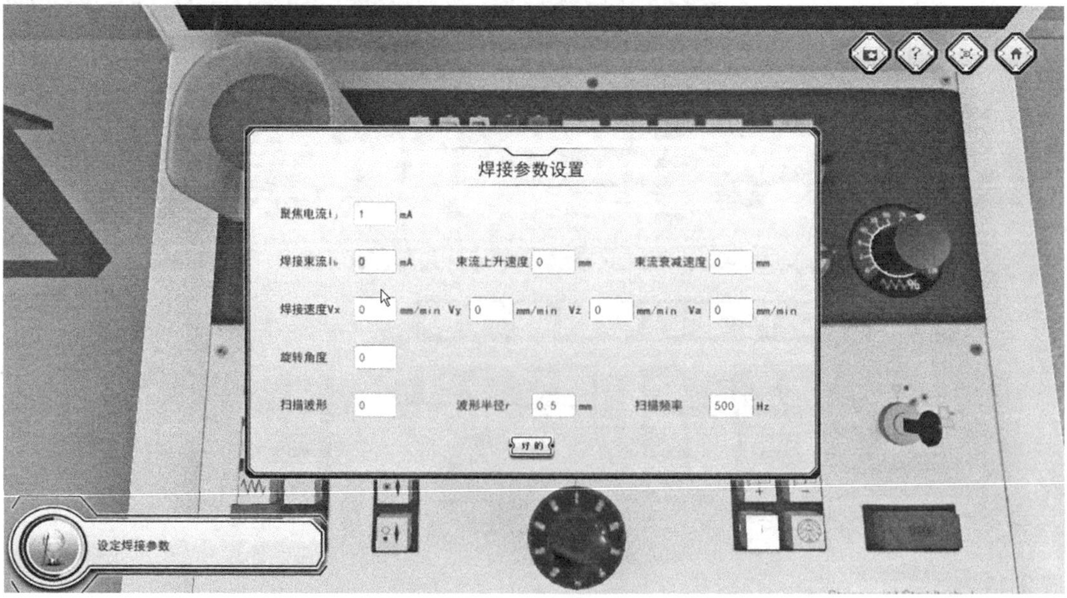

图 9-13
焊接参数设置

f. 模拟焊接。按模拟焊接按钮，运行焊接程序，检查程序的合理性，比如十字光斑是否沿焊缝对接面运动、焊接工件是否会撞到腔室壁、工作台是否会限位等，确保焊接程序正确。图 9-14 为模拟焊接。

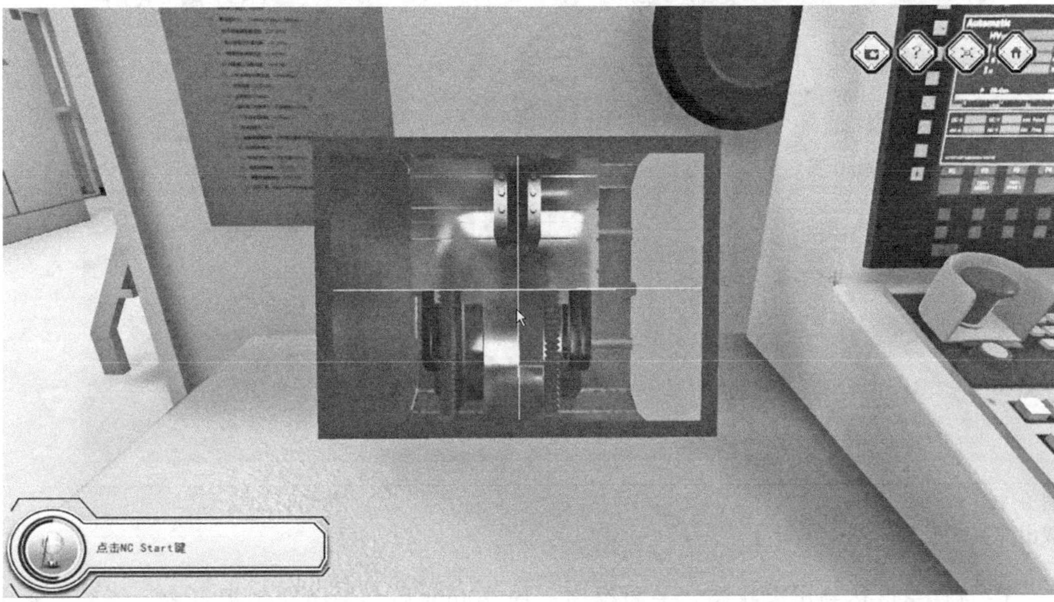

图 9-14
模拟焊接

g. 关闭监视器，启动焊接按钮，进行焊接。图 9-15 为试板对接。

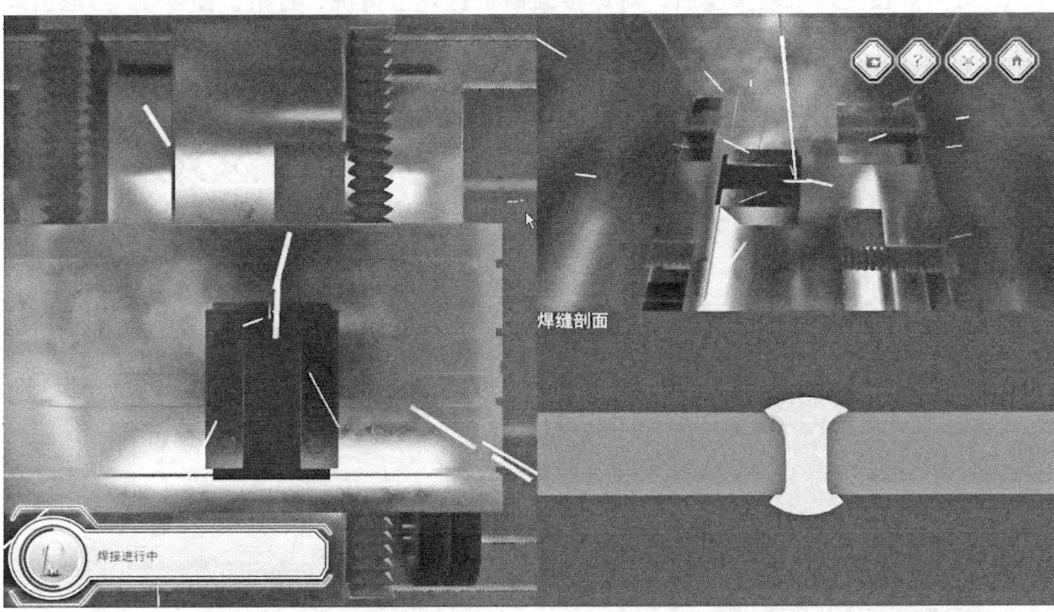

图 9-15
试板对接

h. 释放真空，打开真空腔室门，取出焊接试板；清扫真空室，关闭真空腔室门，抽真空。图 9-16 为取出焊接试板。

图 9-16
取出焊接试板

i. 当真空度达到出束状态，关闭程序；约 20min 后，关闭控制柜电源、压缩气体、稳压电源、总电源，电子束焊接原理实验结束。

② 焊接变形机理实验。焊接变形机理实验主要针对焊接专业学生掌握焊接变形机理、焊接工艺参数对焊接变形的影响规律等，培养学生分析问题、解决问题的能力。

a. 进入焊接变形机理实验后，对焊接圆筒进行焊前清洗、打磨。图 9-17 为退出焊接系统后的焊前打磨。

b. 同焊接原理实验一样，开启电源，启动设备，释放真空，开启真空腔室门，装

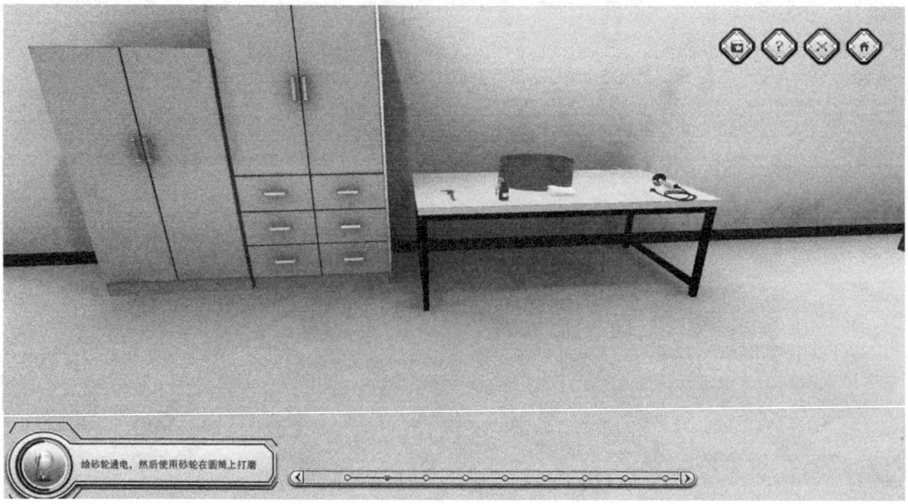

图 9-17
焊接圆筒表面打磨

夹圆筒，确保焊接间隙小于 10mm。图 9-18 为焊接圆筒装夹。

图 9-18
焊接圆筒装夹

c. 焊接试样送入真空室后，关闭真空腔室门，一键启动抽真空。当真空度达到焊接要求后，出束、调焦、对中。将十字光标对中焊缝，选择示教模式，移动焊接工件，让十字光标沿焊缝对接面运动，生成运动轨迹。调节聚焦电流，让电子束光斑在焊缝表面聚焦。图 9-19 为焊接圆筒电子束调焦、对中。

d. 点焊参数设置（聚焦电流、焊接束流、焊接速度等），将圆筒对接面局部连接。

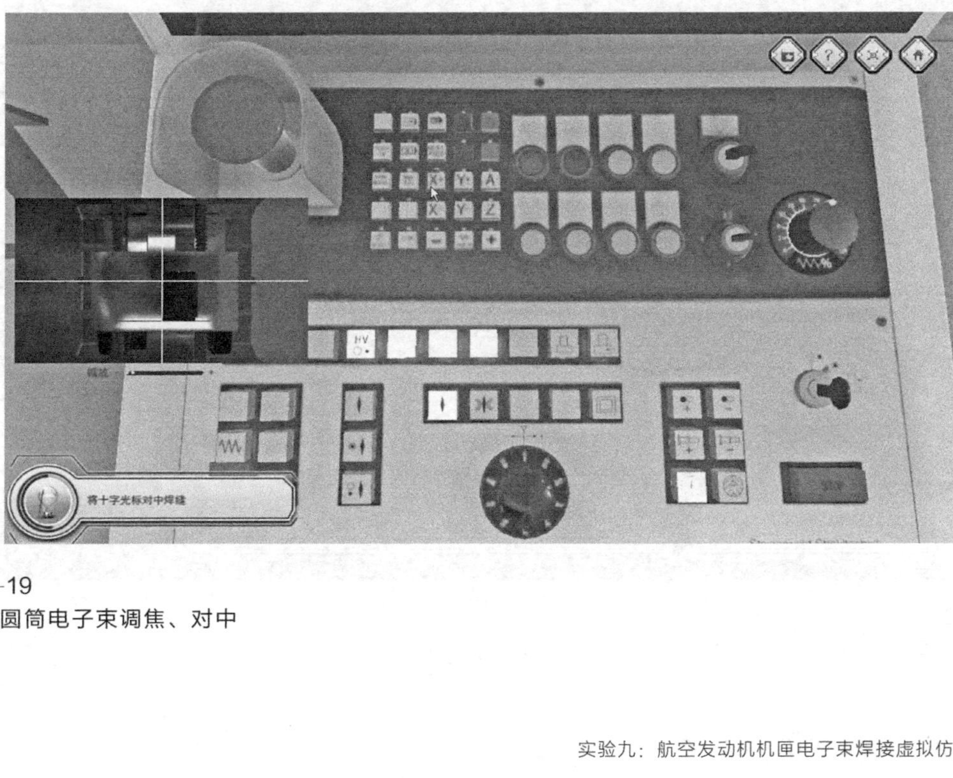

图 9-19
焊接圆筒电子束调焦、对中

图 9-20 为圆筒点焊。

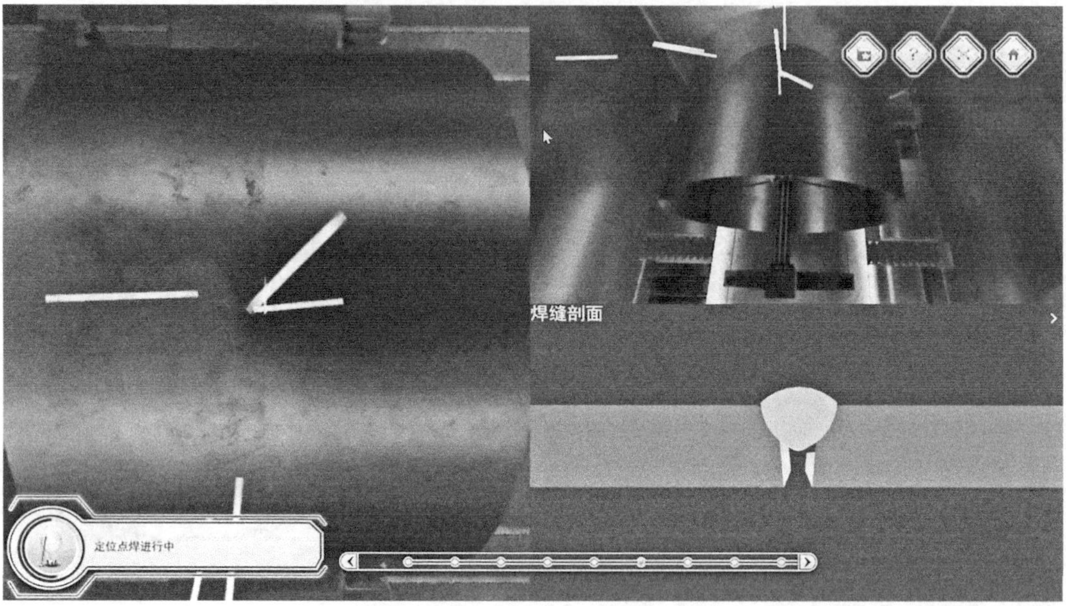

图 9-20
圆筒点焊

e. 封焊参数设置（聚焦电流、焊接束流、焊接速度等），在圆筒焊接部位形成一条熔深较浅的焊缝，将整个圆筒固定，防止焊接过程中因变形将焊接界面拉开或错位。图 9-21 为圆筒封焊。

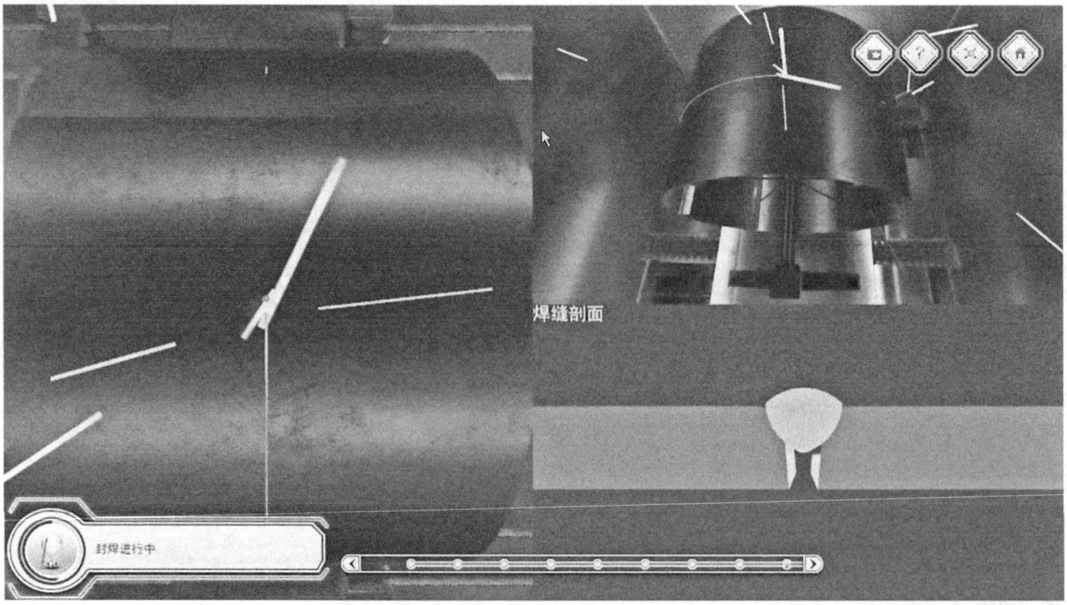

图 9-21
圆筒封焊

f. 焊接方式选择，有连续焊接或分段焊接。图 9-22 为焊接方式选择。

图 9-22
焊接方式选择

g. 焊接参数设置（聚焦电流、焊接束流、焊接速度、旋转角度、束流上升速率、束流衰减速率等），焊接一条成形良好的焊缝。图 9-23 为圆筒焊接。

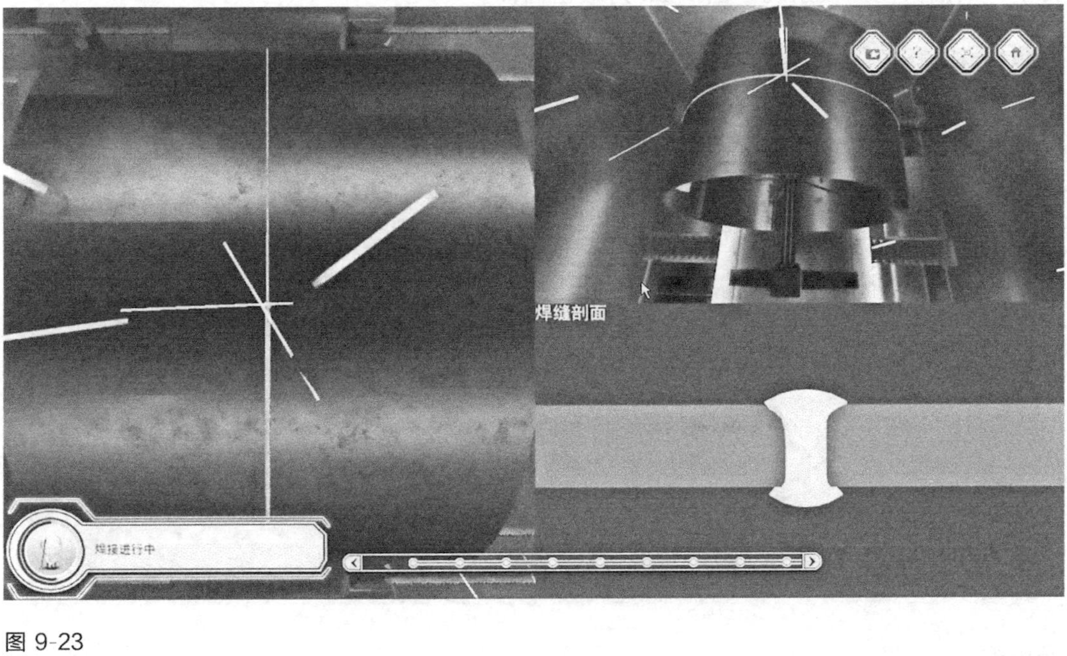

图 9-23
圆筒焊接

实验九

h. 修饰焊参数设置（聚焦电流、焊接束流、焊接速度等），在圆筒焊缝表面形成一条熔深较浅的焊缝，消除焊接过程中焊缝表面的咬边、余高或下塌等不足。修饰焊使焊缝表面更加平滑。图 9-24 为圆筒修饰焊。

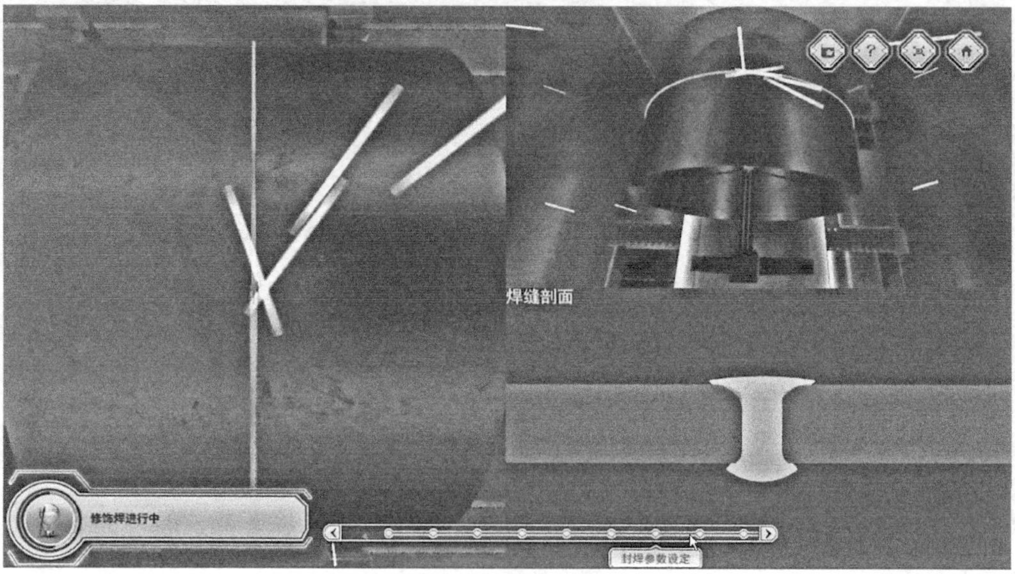

图 9-24
圆筒修饰焊

i. 释放真空，打开真空腔室门，取出焊接圆筒；清扫真空室，关闭真空腔室门，抽真空，最后关闭焊接系统。图 9-25 为取出圆筒。

图 9-25
取出圆筒

j. 圆筒焊接变形测量。将焊接好的圆筒放置在三坐标测量仪上，测量圆筒的横向收缩量和圆度。图 9-26 为圆筒焊接变形圆度测量。

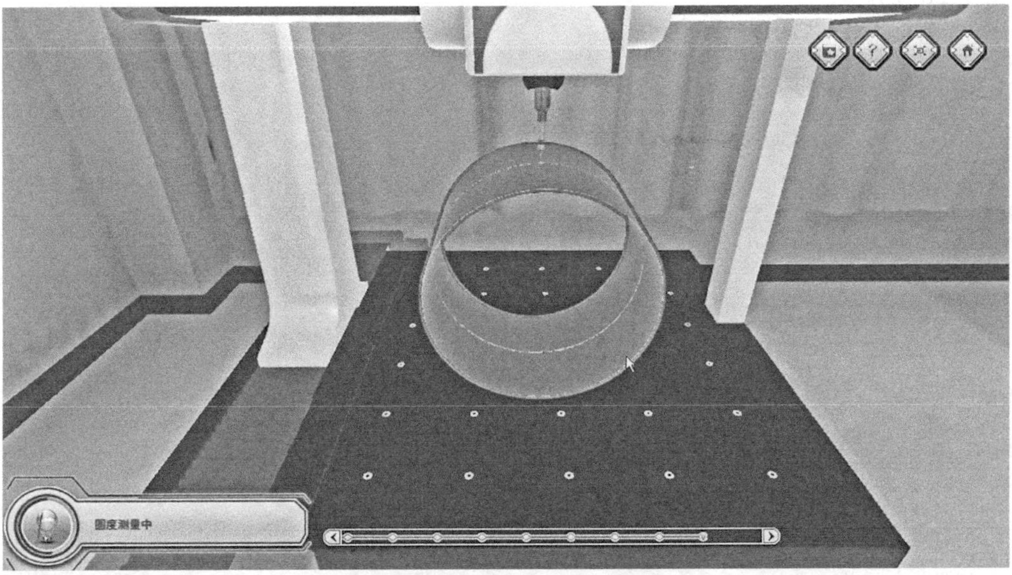

图 9-26
圆筒焊接变形圆度测量

③ 机匣变形调控实验。机匣变形调控实验主要让学生掌握焊接组装顺序对焊接结构变形的影响，培养学生独立思考意识和创新能力。

a. 机匣组装顺序的选择。零件不同的组装顺序就决定不同的焊接顺序，影响整个构件的整体变形。以图 9-27 中焊接方案一为例进行说明。

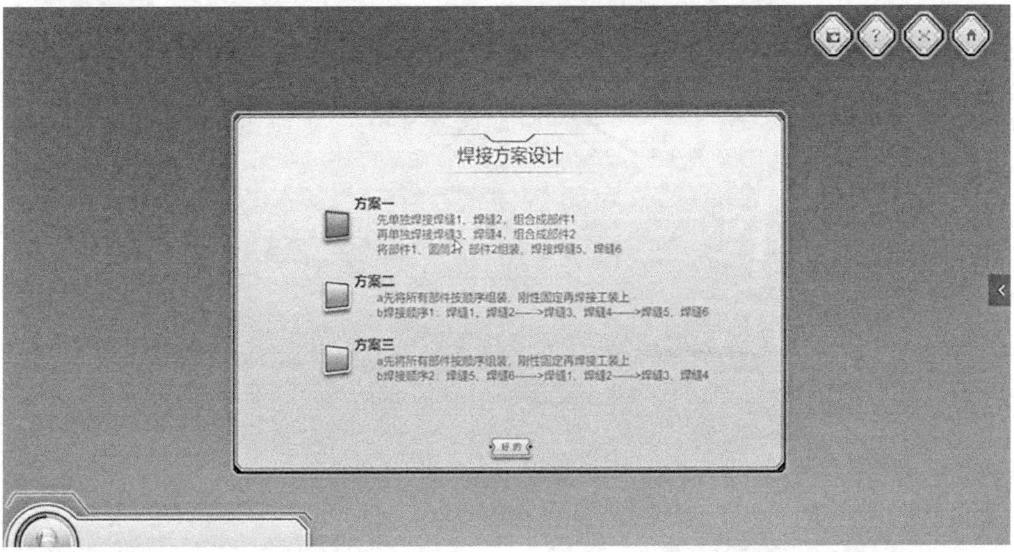

图 9-27
焊接方案

实验九

b. 进行线下组装部件 1，设置焊接参数（聚焦电流、焊接束流、焊接速度、旋转角度、束流上升速率、束流衰减速率等），并将法兰与圆筒 1 进行焊接，组装成部件 1，如图 9-28 所示。

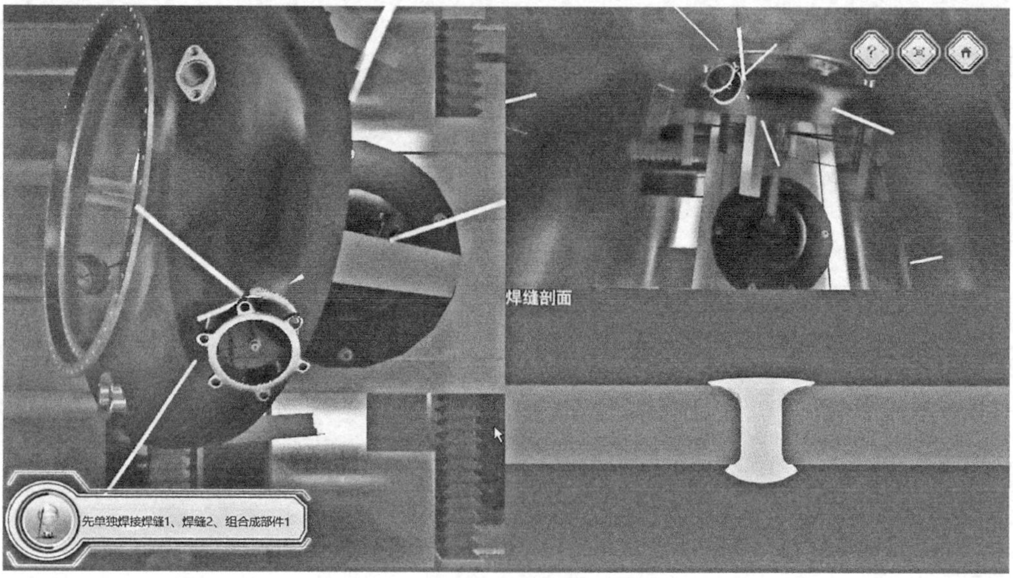

图 9-28
法兰与圆筒 1 的焊接

c. 进行线下组装部件 2，设置焊接参数（聚焦电流、焊接束流、焊接速度、旋转角度、束流上升速率、束流衰减速率等），并将法兰与圆筒 2 进行焊接，组装成部件 2，如图 9-29 所示。

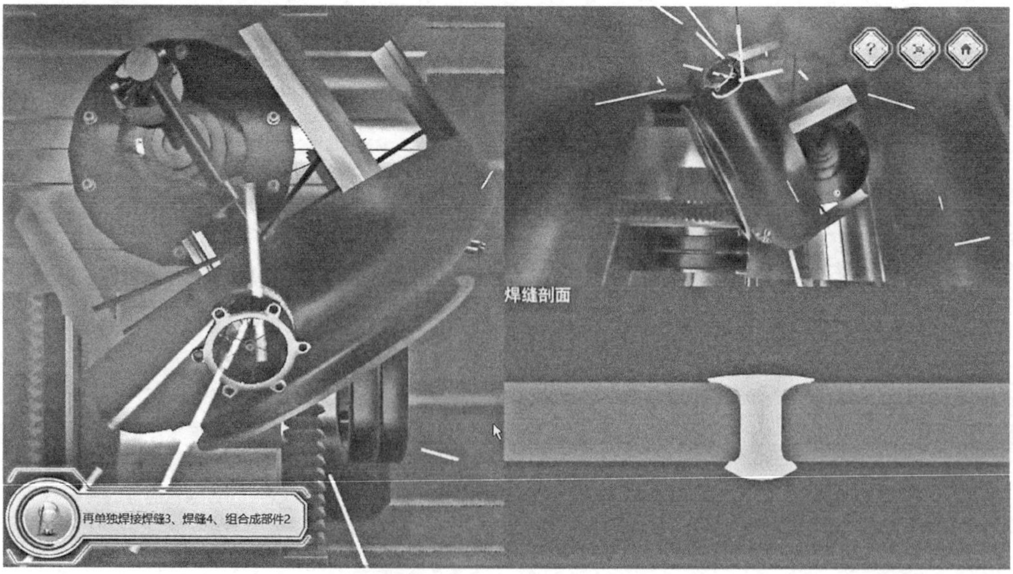

图 9-29
法兰与圆筒 2 的焊接

d. 进行线下组装部件 1、部件 2 和圆筒 3，设置焊接参数（聚焦电流、焊接束流、焊接速度、旋转角度、束流上升速率、束流衰减速率等），将部件 1、部件 2 和圆筒 3 进行焊接，完成整个机匣焊接。图 9-30 为机匣线下组装，图 9-31 为机匣焊接。

图 9-30
机匣线下组装

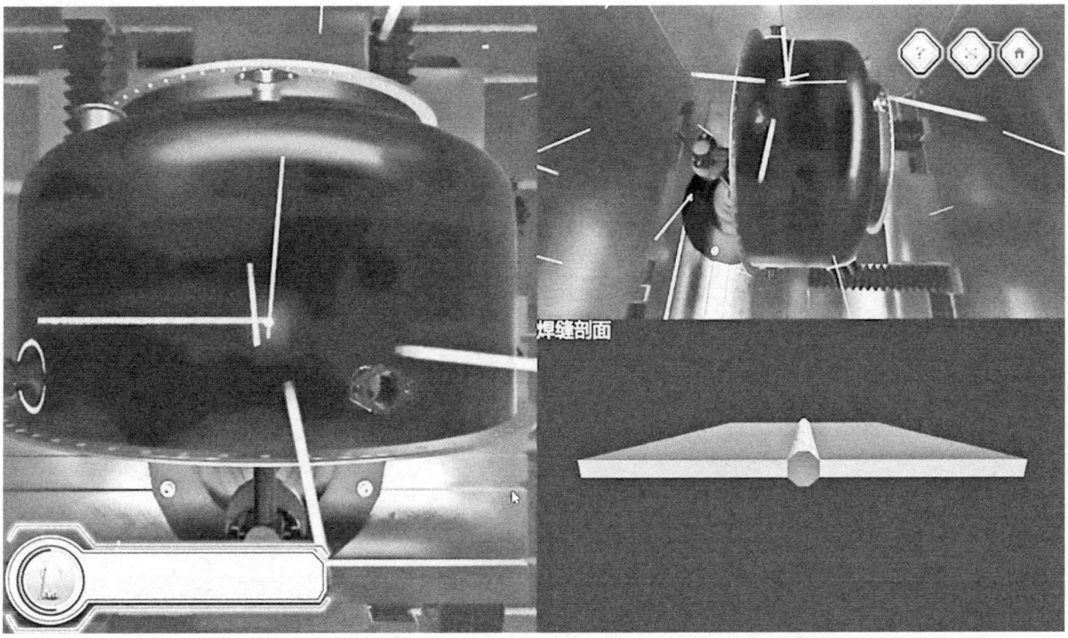

图 9-31
机匣焊接

实验九

e. 释放真空，打开真空腔室门，取出机匣；清扫真空室，关闭真空腔室门，抽真空，最后关闭焊接系统。最后进行机匣圆度测量，撰写实验报告；教师线上批阅实验报告，在线指导学生；退出实验系统，教师发布实验成绩。

四、思考题

(1) 电子束焊接的基本原理及特点是什么？

(2) 电子束焊接工艺参数对焊缝有何影响？

(3) 电子束焊接部件时，部件的加工顺序对部件有何影响?

实验十：
航空发动机电子芯片封装工艺模拟实验

一、实验目的

知识目标：

通过航空电子芯片封装工艺模拟实验，模拟半导体封装企业的真实生产环境，掌握芯片一级封装的关键工艺流程，理解引线键合技术的工艺原理，并通过焊线过程的动态仿真，熟悉金丝球焊参数设置与工艺优化方法，深入了解航空电子专用芯片的结构特性与可靠性测试标准，实现封装理论知识与工程实践的有机结合。

仿真演示视频

能力目标：

培养航空电子芯片封装工艺设计与优化的综合能力，掌握封装参数调试与质量分析的实践技能，提升芯片封装工艺创新与可靠性提升的专业能力。

素质目标：

培养精益求精的工匠精神和质量责任意识，树立芯片自主可控的使命担当，拓展先进封装技术的国际视野，为航空电子系统国产化培养高素质技术人才。

二、实验原理

引线键合焊是采用加热、加压和超声等方式破坏被焊表面的氧化层和污染，产生塑性变形，使得引线与被焊面亲密接触，达到原子间的引力范围并导致界面间原子扩散而形成焊合点。其机理是键合所施加的压力使金球发生很大的塑性变形，其表面上的滑移线使洁净面呈阶梯状，并在薄膜上也切出相应的凹凸槽，表面的氧化膜被破坏，洁净面之间相互接触，发生扩散，产生连接，如图 10-1 所示。

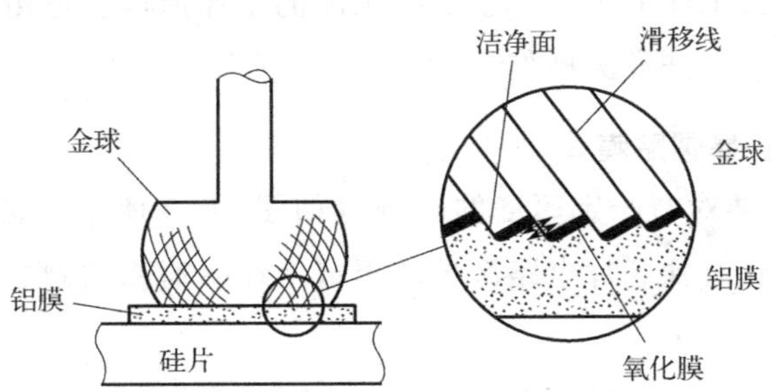

图 10-1
引线键合作用机理

在集成电路和电子器件的芯片与外部引线的连接方法中，引线键合是最主要和最通用的方法。集成电路封装中，芯片先固定于金属导线架上，再以引线健合工艺将细金属线依序与芯片及导线架完成接合。引线键合工艺中所用导电丝主要有金丝、铜丝和铝丝，它们是电子封装行业非常重要的结构材料之一。

引线键合工艺流程如图 10-2 所示。将键合引线平直插入毛细管劈刀的工具中，引线在电火花作用下受热熔成液态，由于表面张力的作用而形成球状，在视觉系统和精密控制下，劈刀下降使球接触品片的键合区，对球加压，使球和焊盘金属形成冶金结合，完成焊接过程。然后劈刀提起，沿着预定的轨道移动，称作弧形走线，到达第一个键合点（焊盘）时，利用压力和超声能量形成焊点，劈刀垂直运动截断金属丝的尾部。这样完成两次焊接和一个弧线循环。

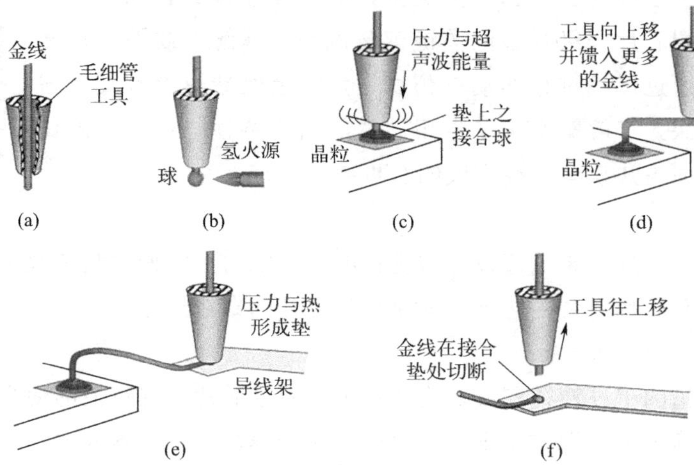

图 10-2
引线键合工艺流程

三、实验内容及步骤

航空电子芯片封装工艺流程：晶圆贴膜、晶圆减薄、晶圆切割、芯片粘接、银浆固化、引线焊接、注塑保护、高温固化、去溢料、电镀、退火、切筋成形、激光喷码。在实验前，选择观看相关工序的视频，了解各工序的工作原理、适用范围、特点。结合给定的项目正确选择工序，并完美操作。

（1）实验模块一：晶圆贴膜

① 在封装之前，要对有一定厚度的晶圆（如图 10-3 所示）进行研磨和减薄处理。为防止研磨和减薄过程对裸芯片电路区域的损害，在研磨和切割之前均需要对电路区域进行贴膜保护。

图 10-3
待封装晶圆

② 晶圆贴膜机如图 10-4 所示，将合适规格的晶圆与胶膜粘贴，获得无气泡的合适胶膜张力，以满足晶圆切割等后道工序的生产。在这个过程中，真空吸片台的温度和压辊张力可调控，将晶圆从晶圆盒中取出，搬送到真空吸片台上，将膜粘贴到晶圆上。压辊碾压使贴膜更牢固，无气泡产生，保证晶圆、胶膜的一致性。此过程中，晶圆上粘贴的多余的膜被切除，放入晶圆存储盒备用。

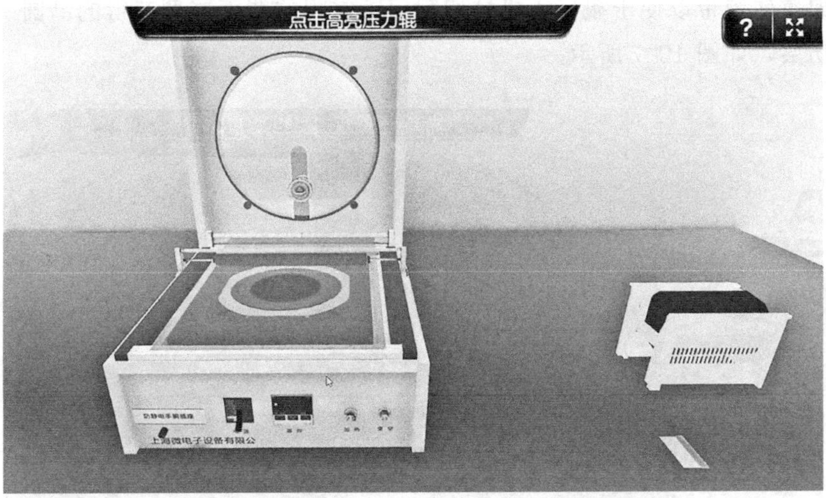

图 10-4
晶圆贴膜机

(2) 实验模块二：晶圆减薄

从晶圆盒中取出晶圆，搬送到真空吸片台上。旋转晶圆，实现纵向切入式研磨。本实验采用的磨片机如图 10-5 所示，可对 100μm 以下的超薄晶圆进行精密研磨，具有超薄晶圆精密研磨和搬运系统的功能参数设计，切削过程中需要水、气双流进行冷却，切

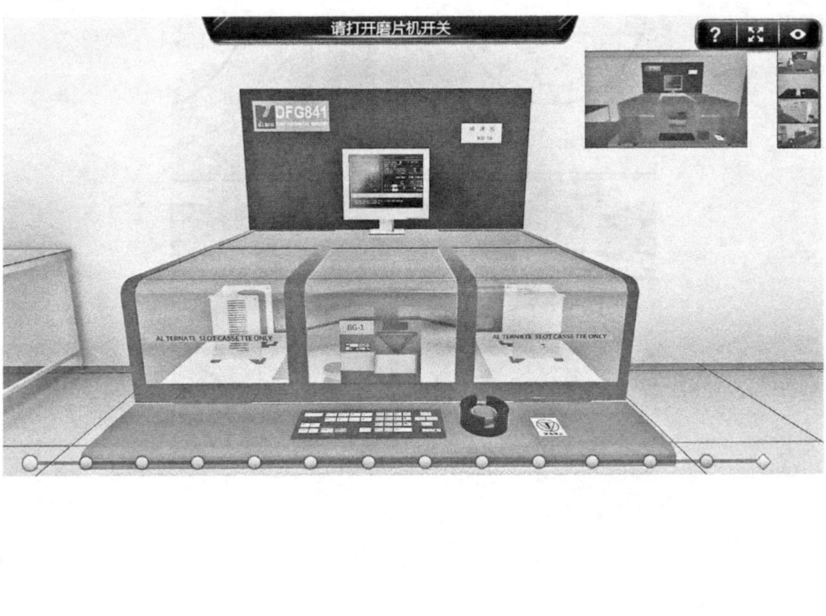

图 10-5
晶圆磨片机

削研磨后对试样进行清洗。完成后将多余物取出并将晶圆放入晶圆存储盒备用。

（3）实验模块三：晶圆切割

晶圆切割的目的是将前制程加工完成的晶圆切割分离，形成一颗颗晶圆片。先要在晶圆背面贴上胶带，而后再送至芯片切割机上切割，如图 10-6 所示。切割完后，一颗颗晶粒井然有序地排列在胶带上，同时由于框架的支持可避免胶带皱褶而使晶粒互相碰撞，而框架撑住胶带以便于搬运。机械切割用于常规的背面减薄获得的晶圆。机械切割易造成损伤层，如图 10-7 所示。

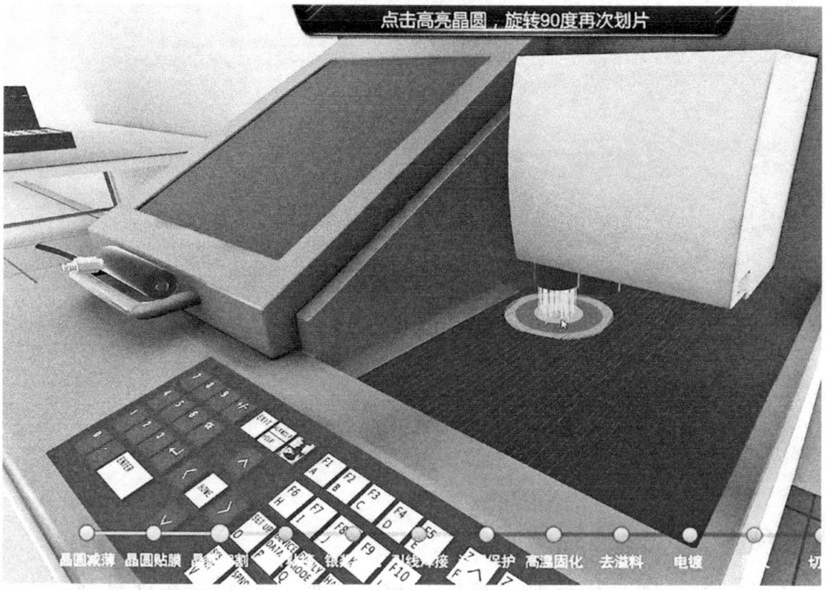

图 10-6
晶圆切割

图 10-7
损伤层

(4) 实验模块四：芯片粘接

芯片粘接是将芯片固定于封装基板或引脚架芯片的承载座上的工艺过程，如图 10-8 所示，可选择用银胶、缺氧胶和黑胶。

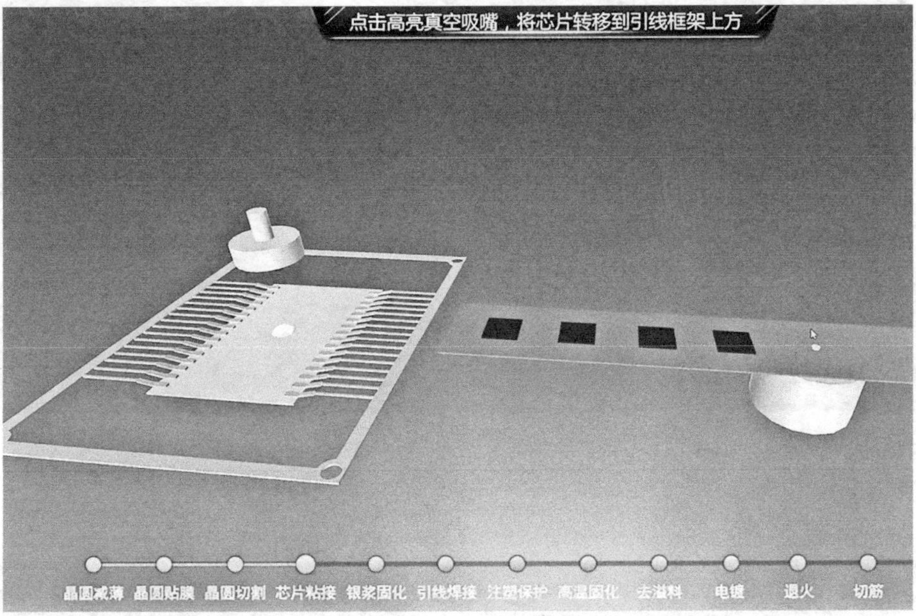

图 10-8
芯片粘接

芯片粘接主要用银胶，其操作流程：点胶；从晶圆片下方顶起芯片，使之便于脱离蓝膜；从上方吸起芯片；完成转运过程；以一定的力将芯片安放在点有银浆的承载座上，具体位置可控。

(5) 实验模块五：银浆固化

银浆固化是将安放后的芯片在一定温度条件下粘贴在框架或基板上。银浆固化工艺参数为：175℃，1h；N_2 环境，防止氧化；缺氧胶固化加热工艺为 90℃，10min；黑胶（混合胶）固化加热工艺为 120℃，60min。该工序之后，可进行质量检查、芯片剪切力测试。

(6) 实验模块六：引线焊接

引线键合（焊接）的目的是在晶圆上的接点与内引脚之间形成连接，进而将 IC 电路信号传输到外界。引线键合的类型有热压、超声和热超声三种方法。焊线的目的是将晶粒的接点以极细的（18～50μm）金线连接到引线框架上的内引脚，进而将 IC 晶粒上的电路信号传输到外界，如图 10-9 所示。该工序之后，可进行质量检查、引线拉力测试。

(7) 实验模块七：注塑保护

芯片互联完成后，就要进行 IC 的外壳封装。IC 外壳封装的技术有金属封装、塑料封装、陶瓷封装等多种。图 10-10 为注塑保护操作示意图。

图 10-9
引线键合

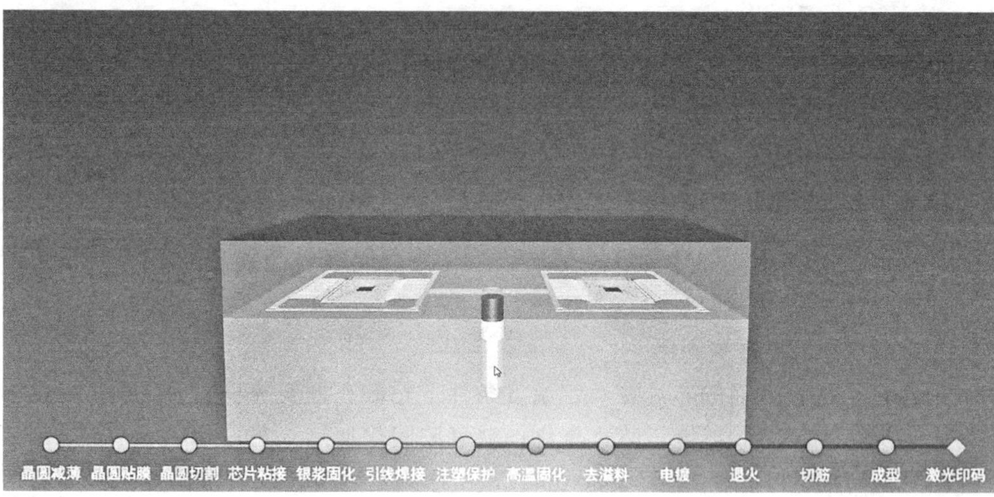

图 10-10
注塑保护

（8）实验模块八：高温固化

用于注塑封装后塑封料的固化，保护 IC 内部结构，消除内部应力。金属封装则无须该过程。工艺参数：(175±5)℃；保温时间为 8h。

（9）实验模块九：去溢料

去溢料的目的在于去除注塑封装后在芯片周围与引线之间的溢料。去溢料工序主要有介质去飞边毛刺、溶剂去飞边毛刺、水去飞边毛刺、树脂清除工艺。用介质去飞边毛刺是用研磨料（如颗粒状的塑料球）与高压空气一起冲洗模块。在去飞边毛刺过程中，介质会将框架引脚的表面轻微擦磨，这将有助于焊料和金属框架的连接，如图 10-11 所示。

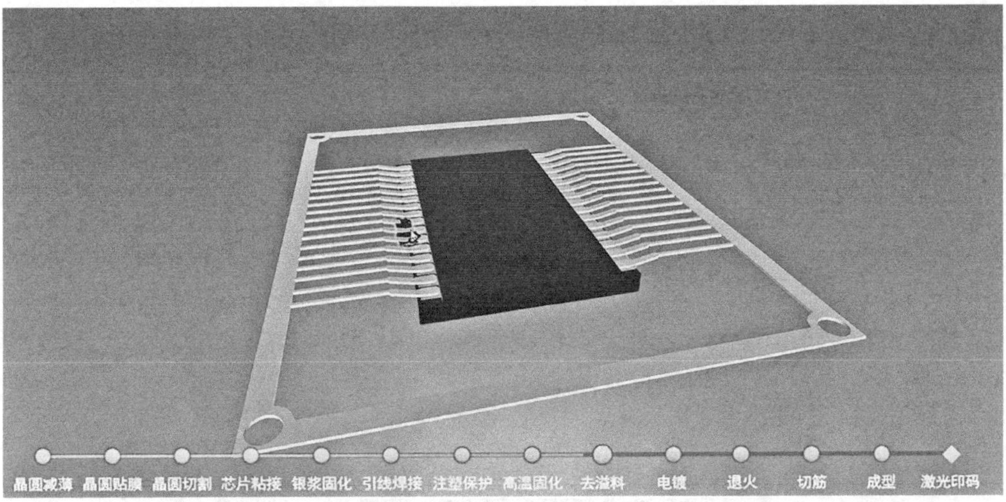

图 10-11
去溢料

（10）实验模块十：电镀

对封装后框架外引脚的后处理可以是电镀或浸锡工艺，该工序是在框架引脚上做保护性镀层，以增加外引脚的导电性及抗氧化性，并提高其可焊性。

电镀目前都是在流水线式的电镀槽中进行的，首先进行清洗，然后在不同的电镀槽中进行电镀，最后冲洗、吹干，放入烘箱中烘干。引线框架电镀如图 10-12 所示。

图 10-12
引线框架电镀

（11）实验模块十一：退火

用于保护 IC 内部结构，并消除内部应力，如图 10-13 所示。金属封装则用于消除结构残余内部应力。该过程为可选工序。

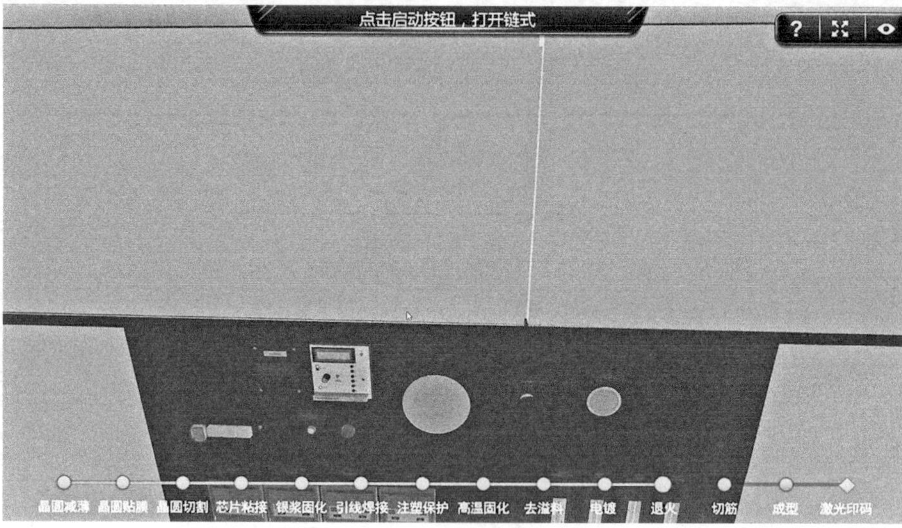

图 10-13
退火

（12）实验模块十二：切筋成形

封胶完成后的引线框架经过电镀以增加外引脚的导电性及抗氧化性，而后再进行切筋成形。切筋的目的是将整条引线框架上已封装好的芯片独立分开，如图 10-14 所示。由于定位及动作的连续性，切筋及成形通常在一部机器上或分别在两部机器上连续完成。切筋成形原理示意图如图 10-15 所示。

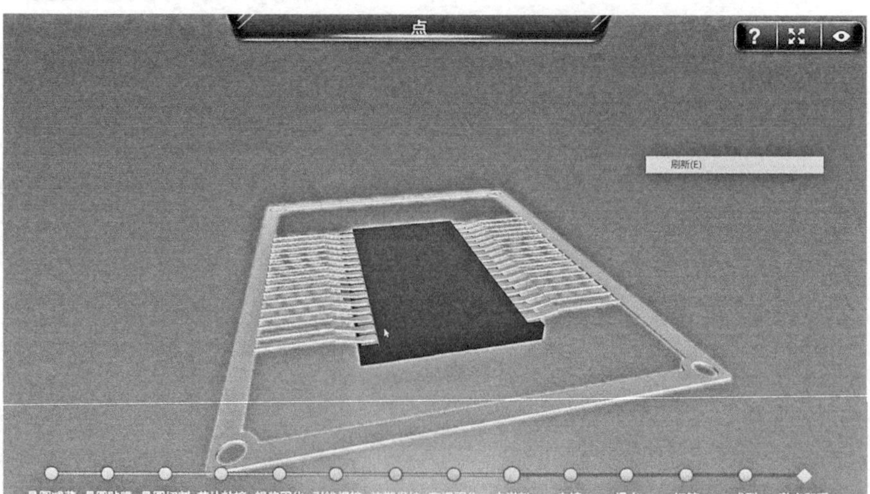

图 10-14
切筋成形

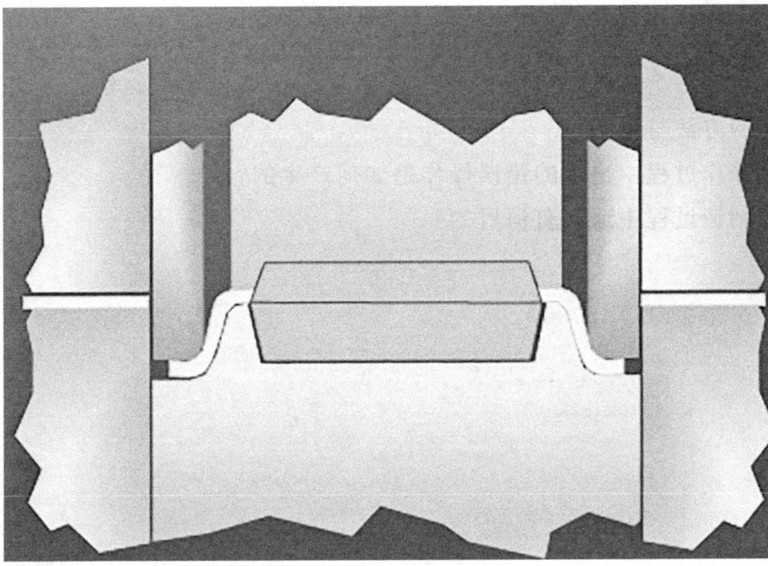

图 10-15
切筋成形原理示意图

(13)实验模块十三：激光喷码

在芯片的正面或者背面激光刻字，内容有产品名称、生产日期、生产批次等，如图 10-16 所示。

图 10-16
激光喷码

填写实验报告。通过上述步骤完成实验操作后，点击实验报告，系统弹出实验报告。实验报告包括实验过程的各项操作、工艺参数，以及质量检测结果和分析改进措施。查看报告并按要求填写相关内容后提交，完成实验操作。

四、思考题

（1）芯片封装每个工序均有很多不同的方法，按项目要求，结合各自的特点，如何选择各工序的方法与设备？

（2）模拟操作过程中出现的错误操作是如何产生的？

（3）芯片制造过程中退火有何目的？

实验十一：航空飞机部件数字化装配虚拟仿真实验

一、实验目的

仿真演示视频

知识目标：

通过航空发动机结构装配虚拟仿真实验，模拟航空发动机制造企业的真实装配环境，掌握飞机部件数字化装配的相关设备和工具，熟悉整个装配流程，理解数字化装配的含义、原理与系统组成。航空飞机部件数字化装配还展示了实时过程动态效果，可更好地掌握飞机部件数字化装配的工艺方法。

能力目标：

培养航空发动机结构分析与装配优化的综合能力；掌握发动机模块化装配流程与参数设计的实践技能；提升发动机装配工艺创新与问题解决的专业能力。

素质目标：

培育精益求精的工匠精神和团队协作意识，厚植航空强国的家国情怀，拓展航空发动机技术的国际视野，强化航空装备制造领域的职业使命感。

二、实验原理

飞机装配是采用工装设备将众多零部件连接组装成一个整体大部件的工艺过程，包括工艺装备、装配顺序、加工技术和连接方法等。对于需要综合协调零部件、工艺装备、工艺人员的飞机部件数字化装配，熟练掌握和正确运用飞机装配原理与工艺方法，对建立数字化装配的制造理念、保障高可行性的装配质量、提升装配工艺规划能力具有重要意义。

飞机数字化装配虚拟仿真实验以机翼部件为核心，通过机翼壁板自动钻铆和机翼机身对接装配两大模块，系统模拟典型装配工艺过程。在机翼壁板自动钻铆实验中，学生需根据蒙皮材料、桁条布局等参数设计铆接工艺，通过调整孔距、铆钉型号等要素优化铆接质量；在机翼机身对接装配实验中，则运用AGV（自动导引车）运输、激光跟踪测量等技术实现部件精准调姿与动态路径调整，最终完成高质量对接。

实验通过虚拟仿真手段，使学生深入理解飞机装配工艺与质量控制的关键技术，包括工艺参数设计、数字化测量与路径规划等核心内容。不同工艺方案对应不同装配质量的仿真结果，帮助学生掌握参数优化方法，培养其数字化装配的工艺规划与质量分析能力，为航空智能制造人才培养奠定实践基础。

三、实验内容及步骤

该实验教学项目主要内容有“实验简介”“装备认知”“实验项目”三个模块。实验项目包括机翼壁板自动钻铆、机翼机身对接装配两个实验模块，实验操作时可以从两个实验模块中任选其一进行操作，也可以将两个模块顺序结合作为一个综合实验进行操作。如图11-1为本实验的初始界面，点击“进入实验”之后即可进入模块化学习，如图11-2所示。

图 11-1
初始界面

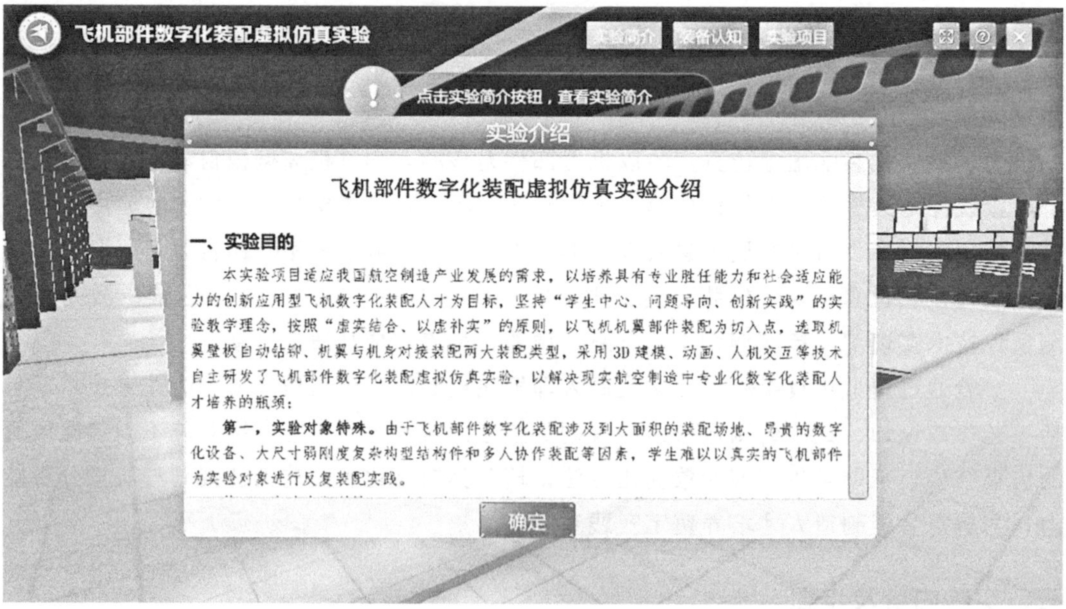

图 11-2
模块选择

（1）实验模块一：实验简介

学生进入实验界面，观察熟悉实验环境，点击“实验简介”按钮，弹出实验介绍文档，如图 11-2 所示。通过查看实验简介，了解仿真实验系统的实验内容、实验目的、实验环境和实验要求，并准备好资料手册进行预习，为实验做好充分的准备，以保证良好的实验效果。

（2）实验模块二：装备认知

点击“装备认知”按钮，进入装配车间，如图 11-3 所示。通过沉浸式巡游查看车间布局、装配设备、工装构型、待装配零部件，以及装备零部件的空间位置关系，体验数字化装配车间、自动钻铆系统和机翼机身对接装配系统，对各种装备建立感性认识。可以空载操作装配设备，观察设备运转和信号提示，并通过操作面板进行简单动作操控。

图 11-3
装备认知

（3）实验模块三：实验项目

① 选取实验项目。点击“实验项目”按钮，选取实验项目，实验项目包括机翼壁板自动钻铆实验、机翼机身对接装配实验、综合实验，如图 11-4 所示。选择实验项目后，系统进入实验界面，学生可以点击实验预习按钮，系统给出实验指导书（图 11-5），包括实验目的、实验材料与设备、实验原理，以及实验内容、方法及步骤。学生进行实验内容和要求的预习，做好实验准备，并开始实验。下面以综合实验为例描述操作步骤。

② 机翼壁板自动钻铆实验的选取，如图 11-6 所示。再点击“开始实验”按钮，如图 11-7 所示，进入机翼壁板布局界面，将壁板放到型架上，进行壁板定位操作，机翼壁板如图 11-8 所示。弹出机翼壁板布局设计框，如图 11-9 所示，确定蒙皮厚度材料和桁条截面形状，选取桁条数量，得到机翼壁板布局。

图 11-4
实验项目选取

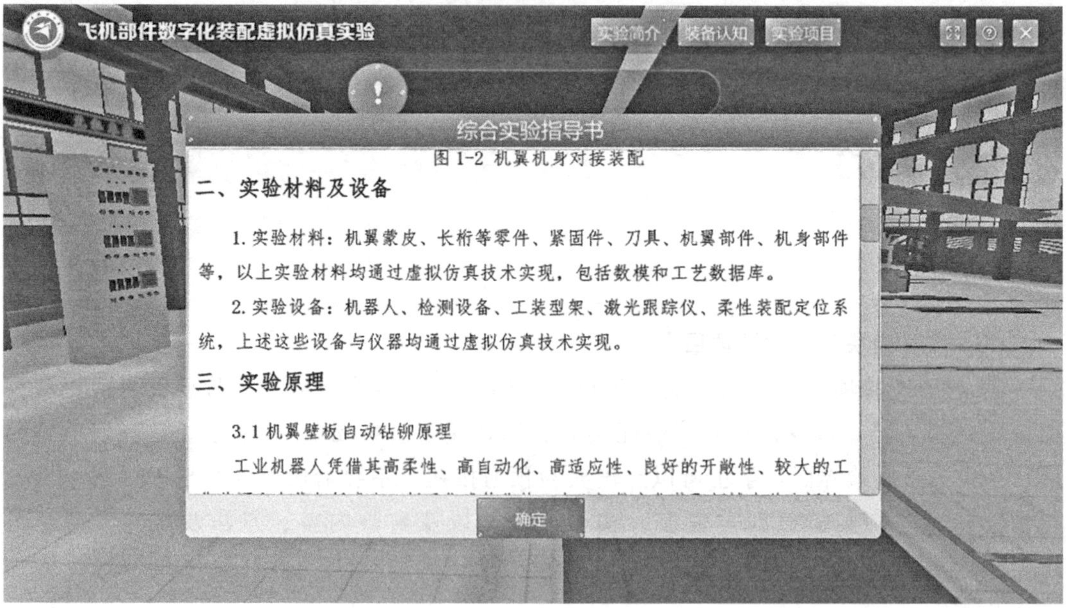

图 11-5
实验指导书

③ 铆接孔位置规划。点击“确定”，进入壁板铆接孔布局界面，弹出铆接孔位置规划框，选择铆接孔的间距、孔径以及钻铆轨迹路径，如图 11-10 所示。

图 11-6
机翼壁板自动钻铆实验的选取

图 11-7
机翼壁板自动钻铆实验开始实验界面

④ 钻铆制孔工艺设计。点击“确定”，进入钻铆制孔工艺界面，弹出钻铆制孔工艺设计对话框，选取制孔刀具的直径、铆钉直径、铆接力等参数，如图 11-11 所示。

⑤ 铆接钻孔路径规划。点击“确定”，进行钻孔路径规划。开始机器人铆接钻孔编

图 11-8
机翼壁板

图 11-9
机翼壁板布局设计框

程，机器人运行到型架附近，进行壁板自动钻铆，完成壁板铆接装配，如图 11-12 所示。

⑥ 铆接质量检测与评价。机器人钻铆结束后，点击“装配质量检测”，系统给出铆

图 11-10
铆接孔位置规划

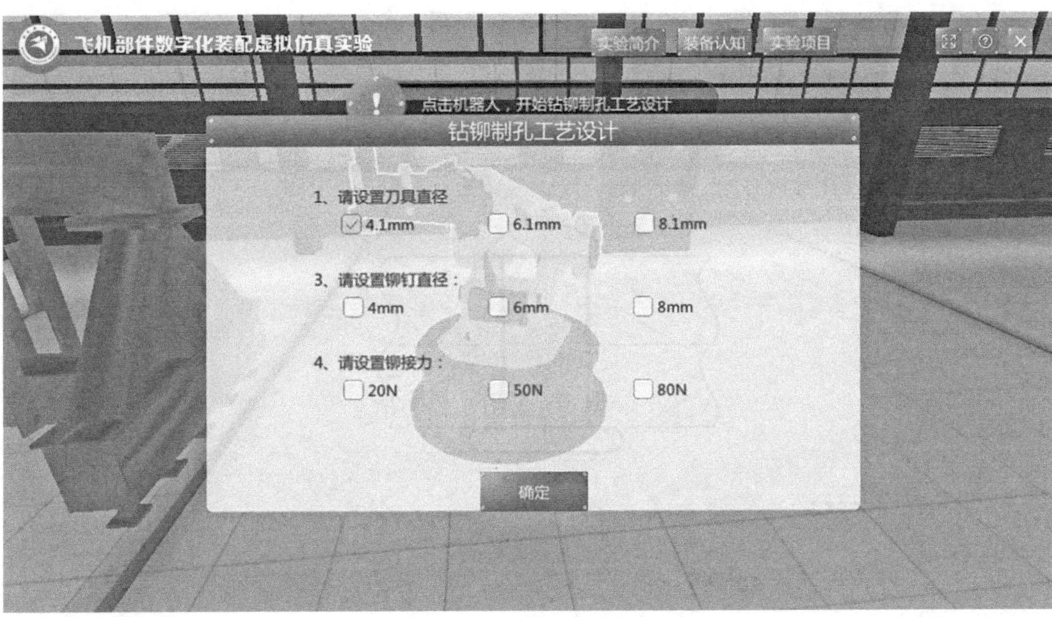

图 11-11
制孔工艺设计

接质量检测报告，如图 11-13 所示。根据检测报告，可以独立分析思考结果的成因，判定导致当前铆接质量问题的工艺参数因素，并提出工艺改进方案，填写结果分析并点击提交，完成机翼壁板钻铆。

图 11-12
铆接钻孔路径规划

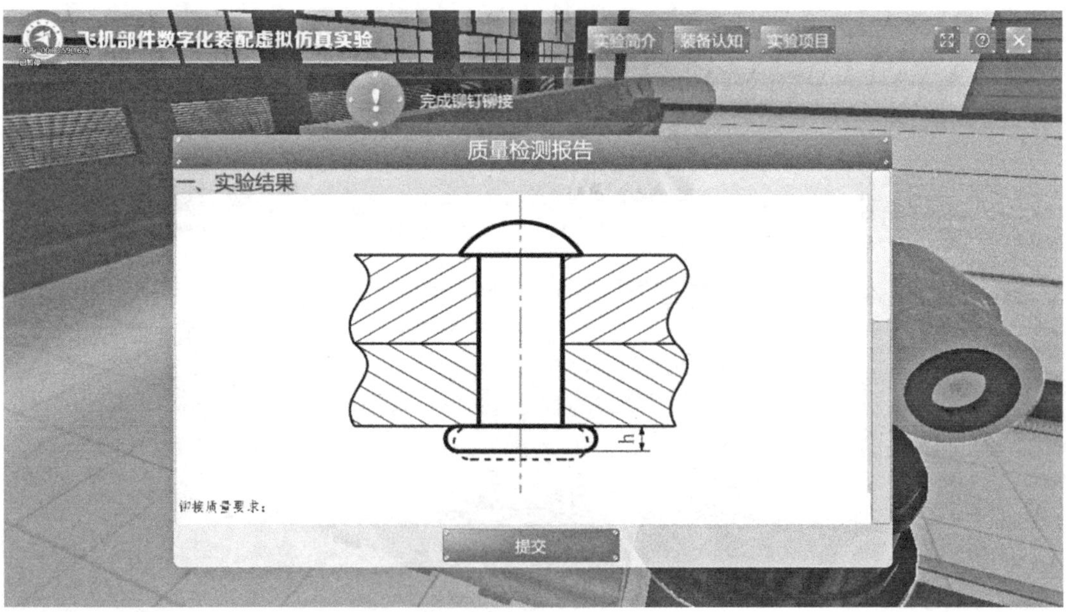

图 11-13
质量检测报告

⑦ 机翼机身对接装配实验，进行实验前，也需对实验简介、装备认知、实验项目等基础内容进行学习。进行机翼机身对接装配实验时，进入机翼机身装配场地，通过点击在地面布设的 25 个控制点，采用激光跟踪仪测量控制点坐标，形成点阵，建立对接

装配系统全局坐标系。采用激光跟踪仪测量公共基准点，基于公共基准点进行激光跟踪仪测量坐标系与全局坐标系的调整变换，实现坐标系的统一，如图 11-14 所示。

图 11-14
建立装配对接坐标系

⑧ 点击“机身部件”，AGV 将机身部件运送到装配点阵位置，如图 11-15 所示。

图 11-15
机身部件移动定位

实验十一

⑨ 点击“机翼部件”，AGV 运送机翼部件到达装配点阵，位于机身部件相应对接侧的适当位置，如图 11-16 所示。

图 11-16
机翼部件移动定位

⑩ 对接部件姿态测量。点击“拖动光学靶球”，将其分别放置在机身、机翼部件的各 4 个调姿基准点位置上，如图 11-17 所示。点击操作跟踪仪控制界面的“平移”“升

图 11-17
摆放调姿基准点

降和转向键”，搜寻、锁定光学靶球，获得基准点光学靶球的位置坐标并保存。重复操作，依次完成机身部件、机翼部件上 8 个基准点的坐标测量，如图 11-18 所示。

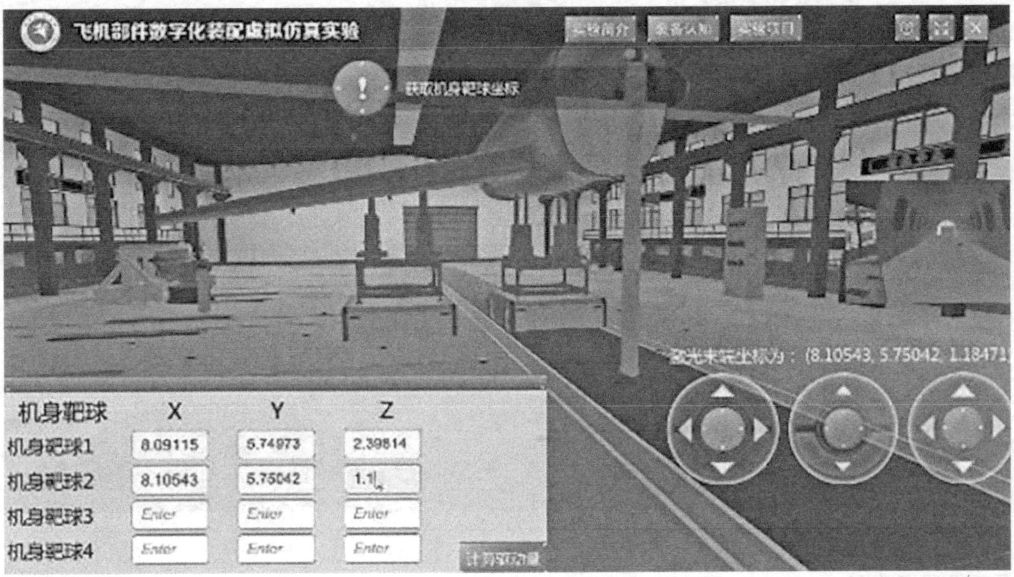

图 11-18
机身靶球基准点坐标测量

⑪ 对接部件调姿对接。

a. 点击“计算驱动量”，进行对接部件姿态解算，将测量点坐标值分别代入姿态解算公式解算出机身部件的当前位姿及调姿机构定位器的驱动位移量，如图 11-19 所示。点击确定，计算出机翼部件的当前位姿及调姿机构定位器的驱动位移量，如图 11-20 所示。

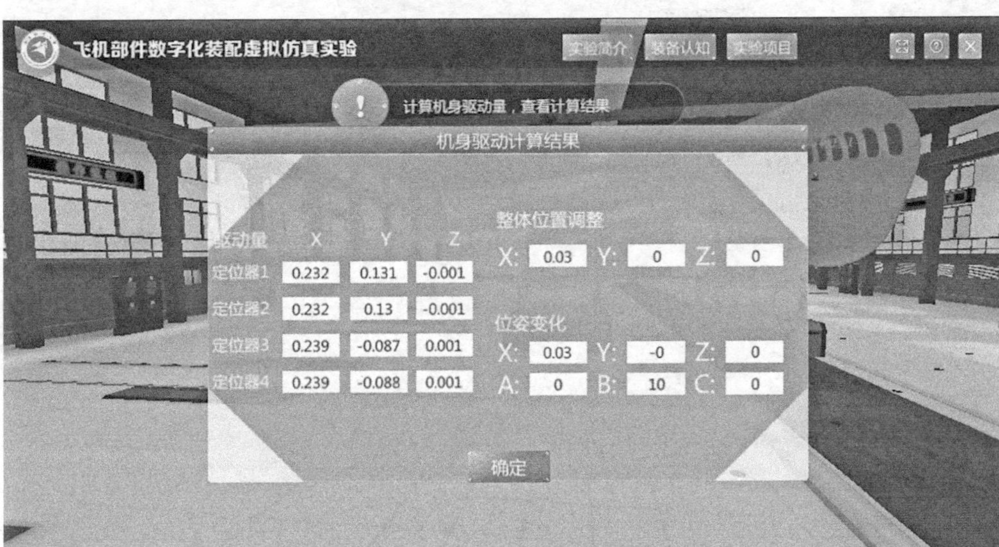

图 11-19
机身部件位姿解算结果

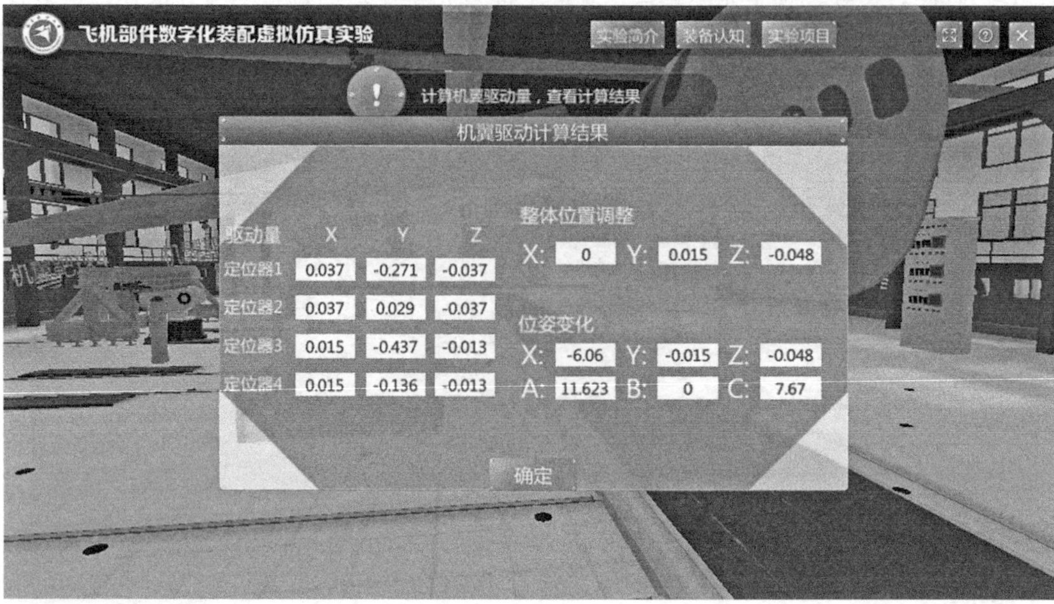

图 11-20
机翼部件调姿数据

b. 点击“机身”，调姿机构完成机身姿态调平，如图 11-21 所示。

图 11-21
机身部件姿态调平

c. 点击“机翼”，调姿机构完成机翼姿态调平，如图 11-22 所示。

d. 点击“翼身对接”，调姿机构完成机翼机身对接，如图 11-23 所示。

图 11-22
机翼部件姿态调平

图 11-23
对接部件对接装配

⑫ 对合质量检测与分析。对接完成后，点击“对合质量检测”，系统弹出检测报告，根据给出当前叉耳对合状态的间隙值计算获得平均间隙值和同轴度，进行对合质量判断，分析提高对合质量的工艺措施，填写结果分析并提交，完成机翼机身对接装配实

验，如图 11-24 所示。

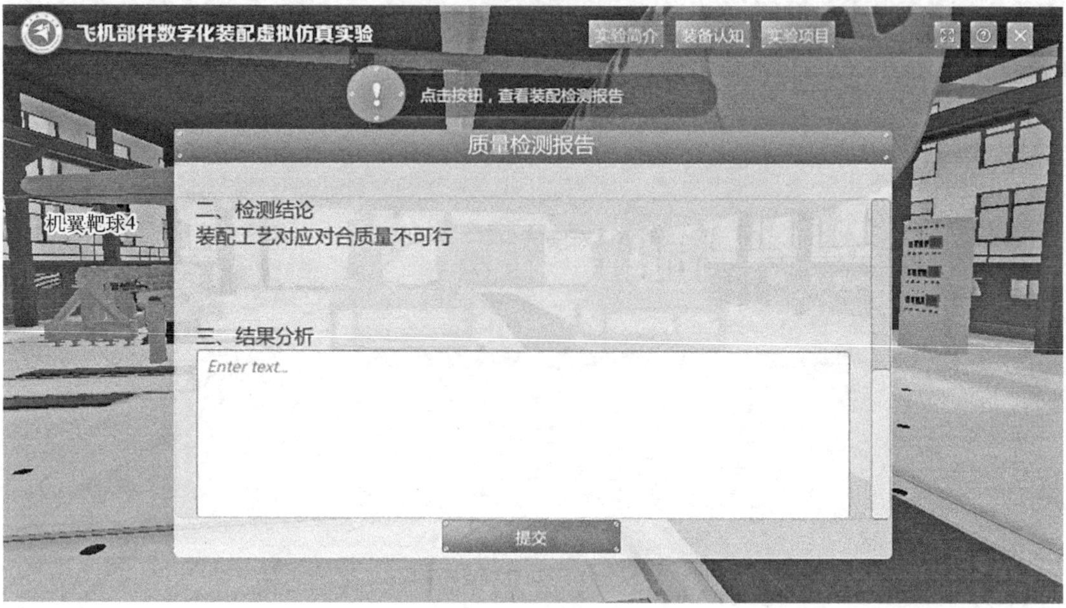

图 11-24
对合质量检测报告

⑬ 填写实验报告。通过上述步骤完成实验操作后，点击实验报告，系统弹出实验报告。实验报告包括实验过程的各项操作、工艺参数，以及质量检测结果和分析改进措施。查看报告并按要求填写相关内容后提交，完成实验操作，退回实验初始界面。

四、思考题

（1）铆制孔工艺设计对装配有何影响？

（2）不同部件装配顺序对整个飞机部件的装配质量有何影响？

（3）铆接孔位置是如何规划的？

实验十二：航空发动机机匣装配虚拟仿真实验

一、实验目的

仿真演示视频

知识目标：

通过航空发动机机匣装配虚拟仿真实验，模拟航空发动机制造企业的真实装配环境，掌握机匣装配中的关键步骤和技术要求，以及航空发动机的工作原理和部件之间的相互关系。

能力目标：

培养发动机机匣装配工艺规划与优化的综合能力，掌握装配参数设计、配合精度检测的实践技能，提升机匣装配方案创新与问题解决的专业能力。

素质目标：

培育精益求精的工匠精神和质量责任意识，树立航空动力强国的使命担当，拓展航空发动机制造技术的国际视野，为航空发动机研发培养高素质技术人才。

二、实验原理

航空发动机机匣作为发动机的核心承力结构，承担着支撑核心部件和传递推力的关键作用，具有结构复杂、设计难度大的特点。其制造材料根据工作环境选择，包括钛合金、高温合金等高性能材料。机匣装配过程包含严格的部件检验、工艺设计、精密装配等环节，特别注重装配精度和密封性控制，其中转子同轴度对发动机运行安全性和可靠性具有决定性影响。

机匣装配质量直接关系到发动机性能和服役寿命。机匣装配需要遵循科学的装配顺序和工艺规范。通过采用热装配、冷装配等专业技术，配合精密测量和调试，确保各部件精确配合与可靠连接，最终形成满足高温高压工作环境要求的完整机匣结构，为航空发动机安全稳定运行提供坚实保障。

三、实验内容及步骤

本实验主要包括“实验目的及原理”“设备认知”“设备组装”和“习题考核”等模块。设备认知模块和设备组装模块主要是对中介机匣、涡轮机匣、低压压气机匣、高压压气机匣、燃烧室机匣各零件的认识和组装，习题考核模块是对航空发动机机匣装配的考核。如图 12-1 所示为本实验的初始界面，点击“进入实验”之后即可进入模块选择界面，如图 12-2 所示。

（1）实验模块一：实验目的及原理

实验前的预习。进行实验前，需对实验进行预习，主要学习实验目的、实验原理、实验设备，掌握实验目的、实验原理和实验设备的基本结构和功能，为进行实验操作奠定基础。

（2）实验模块二：设备认知

该模块是对航空发动机主要机匣结构，以及装配工具进行认识。航空发动机机匣主

图 12-1
初始界面

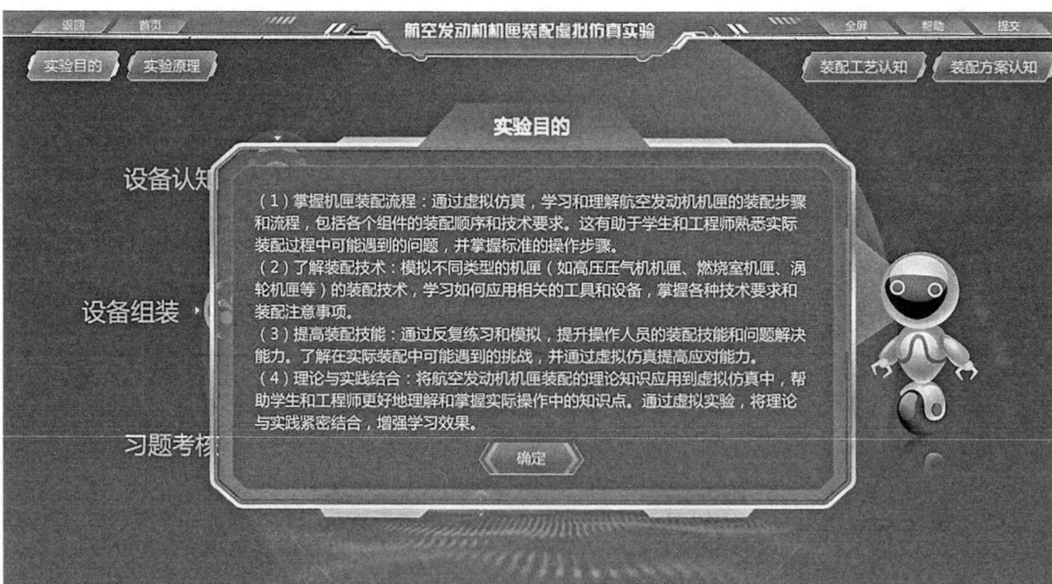

图 12-2
模块选择界面

要包括中介机匣、涡轮机匣、低压压气机机匣、高压压气机机匣、燃烧室机匣等。在认知的过程中可以对不同机匣进行 360°旋转观察，还可翻动鼠标查看相关机匣的文字描述，以便对航空发动机机匣模型进行完整的认知。图 12-3 为设备认知模块选择界面，

图 12-4 和图 12-5 分别为涡轮机匣和低压压气机机匣认知，可点击“展开”，对涡轮机匣、低压压气机机匣及其各组成部分进行展开，以便得到更好的单个机匣结构。图 12-6 为操作工具认知。

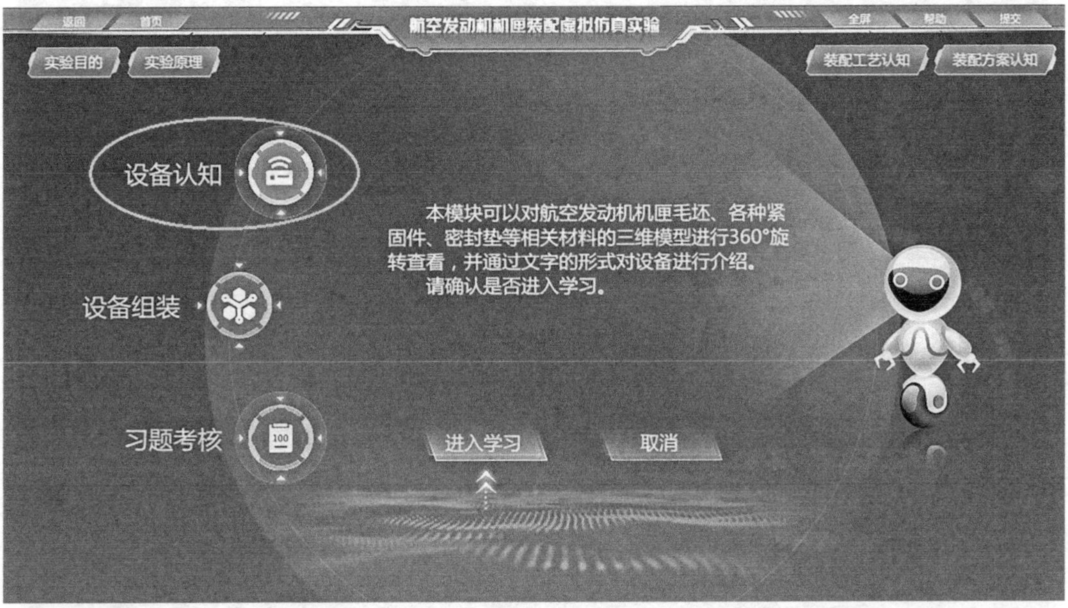

图 12-3
设备认知模块选择界面

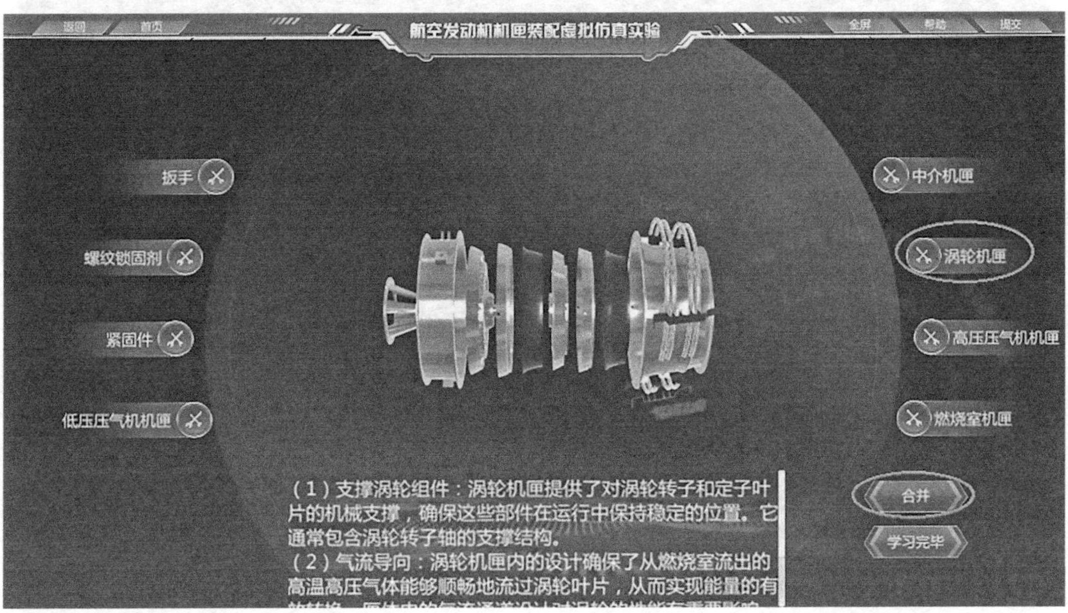

图 12-4
涡轮机匣认知

实验十二

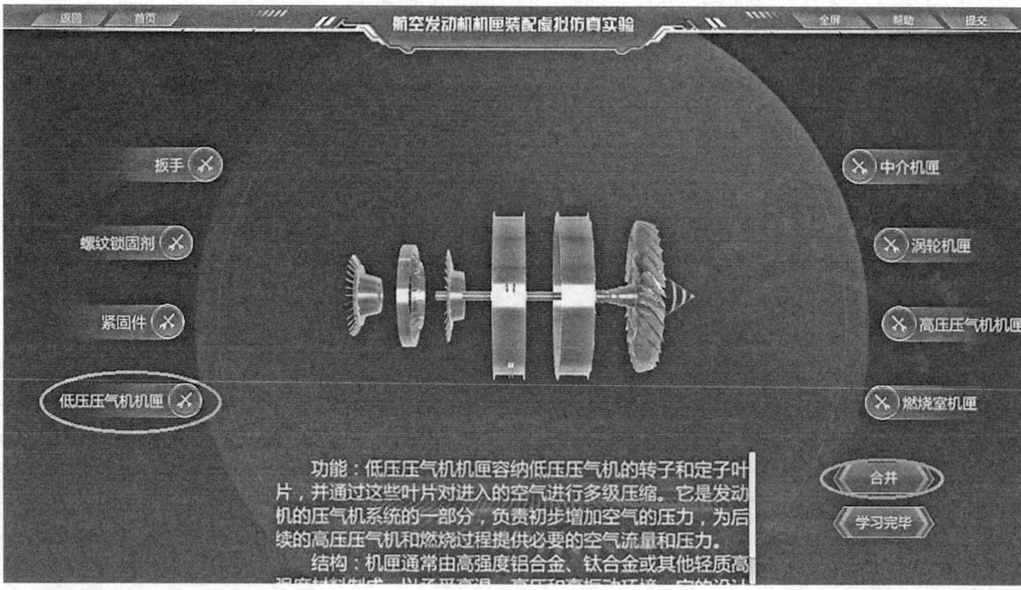

图 12-5
低压压气机机匣认知

图 12-6
操作工具认知

（3）实验模块三：设备组装

该模块是对航空发动机主要机匣进行组装。机匣装配过程中，需要注意装配顺序，先进行小装配，再进行总装，且装配过程中需要合适的工具。装配过程中，根据左下角提示文字及高亮设备，拖动高亮设备到装配位置进行装配工作。若单个机匣装配位置出现错误，会出现错误提示，便于完成实验。图 12-7 为设备认知模块界面。图 12-8 为机匣装配错误提示。

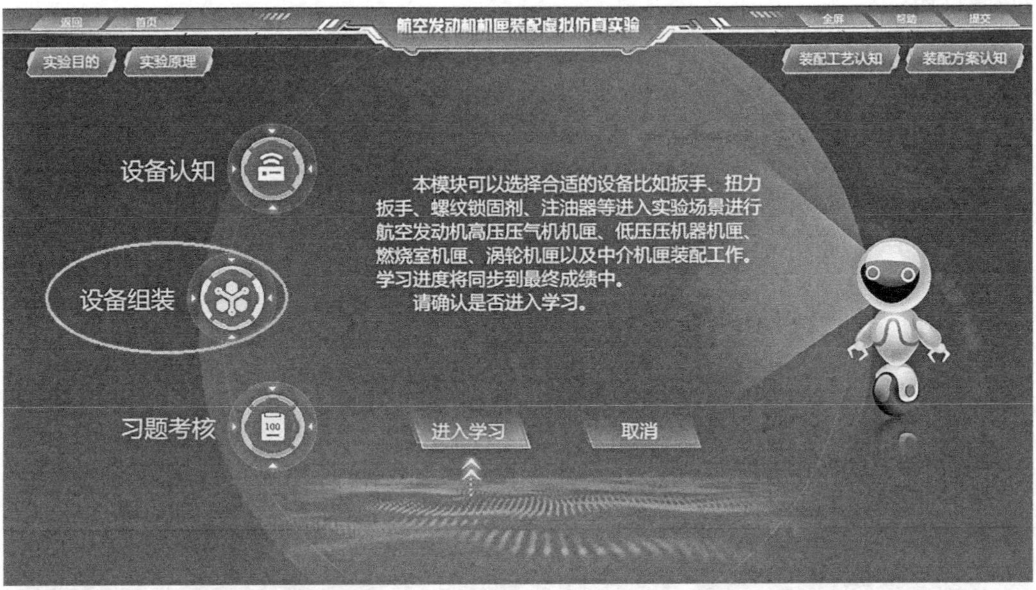

图 12-7
设备认知模块界面

图 12-8
机匣装配错误提示

① 单个机匣组装。主要是对机匣认知后的组装，进行组装的机匣有中介机匣、涡轮机匣、低压压气机机匣、高压压气机机匣、燃烧室机匣。图 12-9、图 12-10、图 12-11

实验十二

分别为高压压气机机匣、涡轮机匣、燃烧室机匣的组装过程。其中，高压压气机机匣转子装配过程中需要考虑同轴度，同轴度满足要求方可进行下一步装配，图 12-12 为转子同轴度检测。

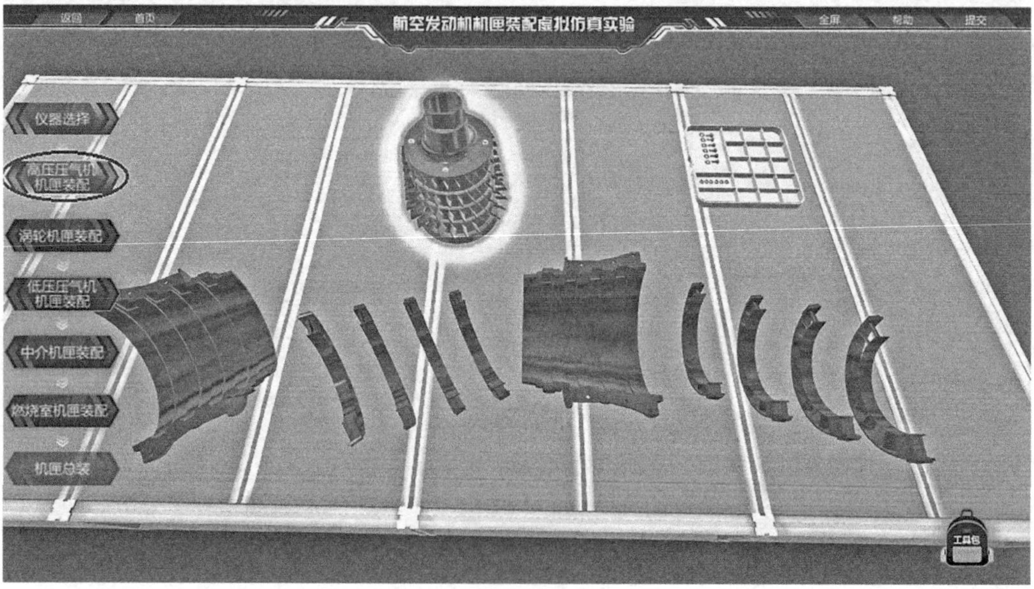

图 12-9
高压压气机机匣组装

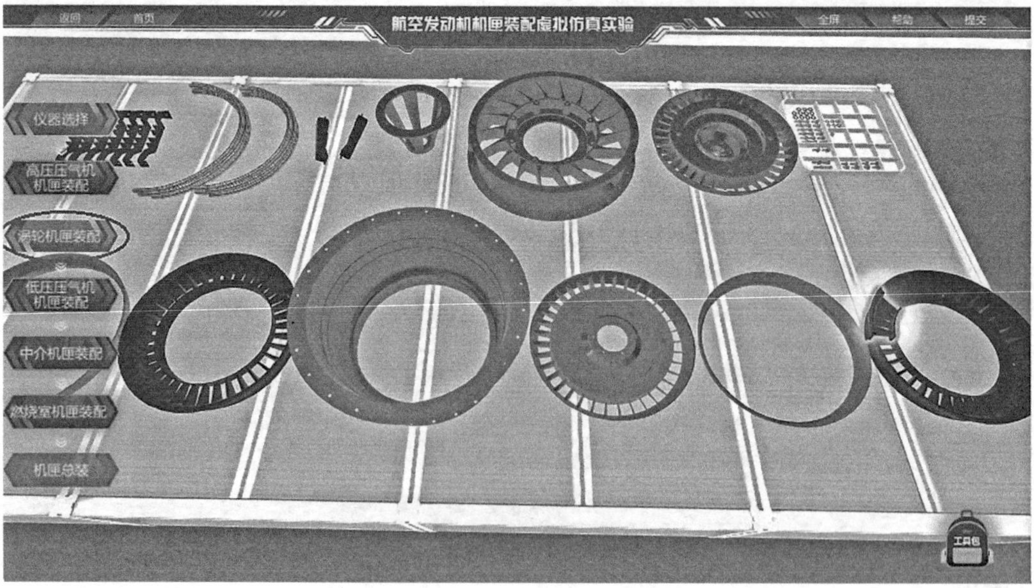

图 12-10
涡轮机匣组装

② 机匣总装。五个机匣均装配完成后，把五个机匣放到装配位置进行总装工作。

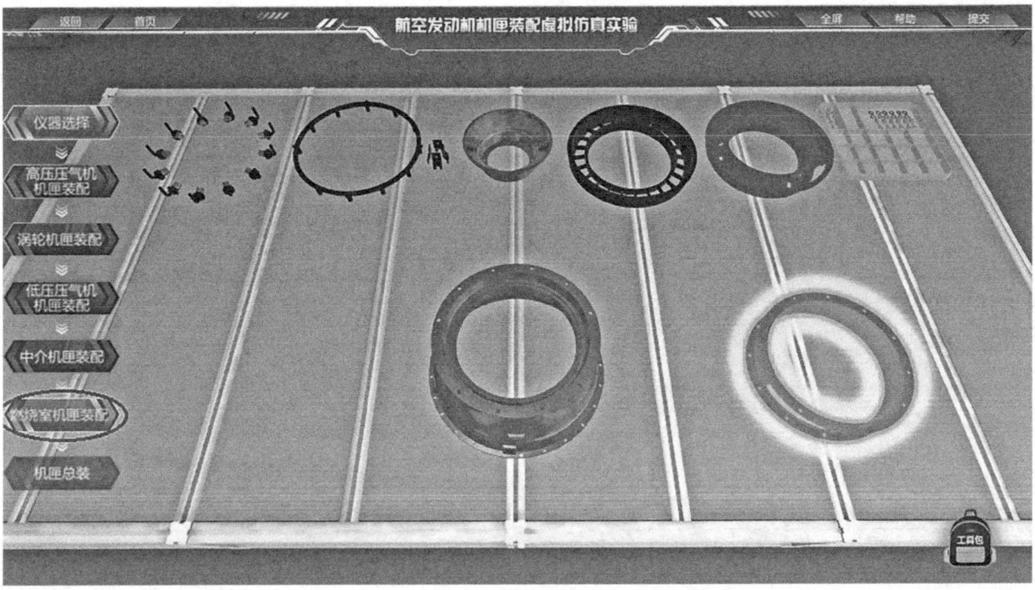

图 12-11
燃烧室机匣组装

图 12-12
转子同轴度检测

装配位置会在机匣装配到错误位置后出现错误提示。图 12-13 和图 12-14 分别为放到装配位置的机匣和机匣总装模型。

机匣总装完成后，系统虚拟一个机匣装配故障处理操作，机匣装配故障可通过调节转子角度将机匣装配故障问题消除。若故障未消除，需用户重新进行调节；若故障消

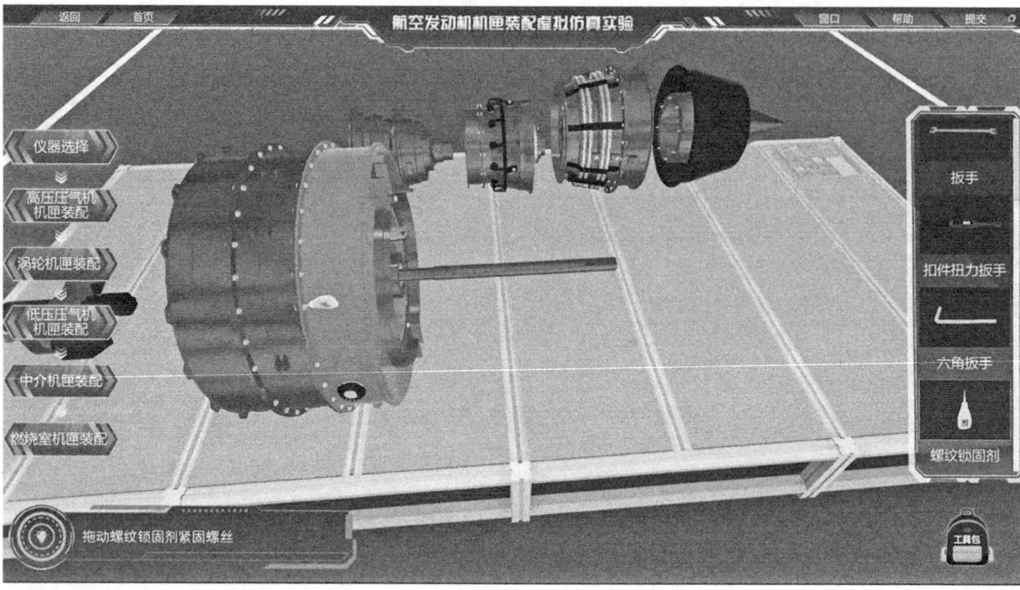

图 12-13
装配位置的机匣

图 12-14
机匣总装模型

除，系统跳转至模块选择页。图 12-15 和图 12-16 分别为机匣转子故障模型和故障消除模型。

（4）实验模块四：习题考核

在该模块中有五个题库，每个题库中包含五道选择题，系统随机抽取题库进行作

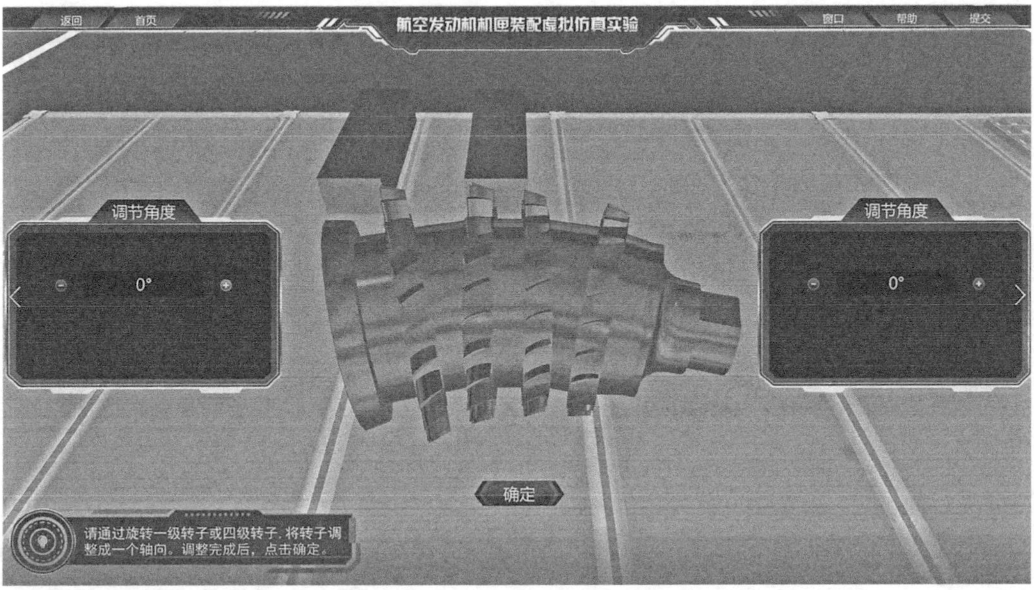

图 12-15
机匣转子故障模型

图 12-16
机匣转子故障消除模型

答，作答成绩将同步到最终成绩中。图 12-17 和图 12-18 为习题考核模块的界面和考核内容界面。

实验全部操作完之后，点击实验报告模块，编写与该实验相关的建议与总结，并点击提交。

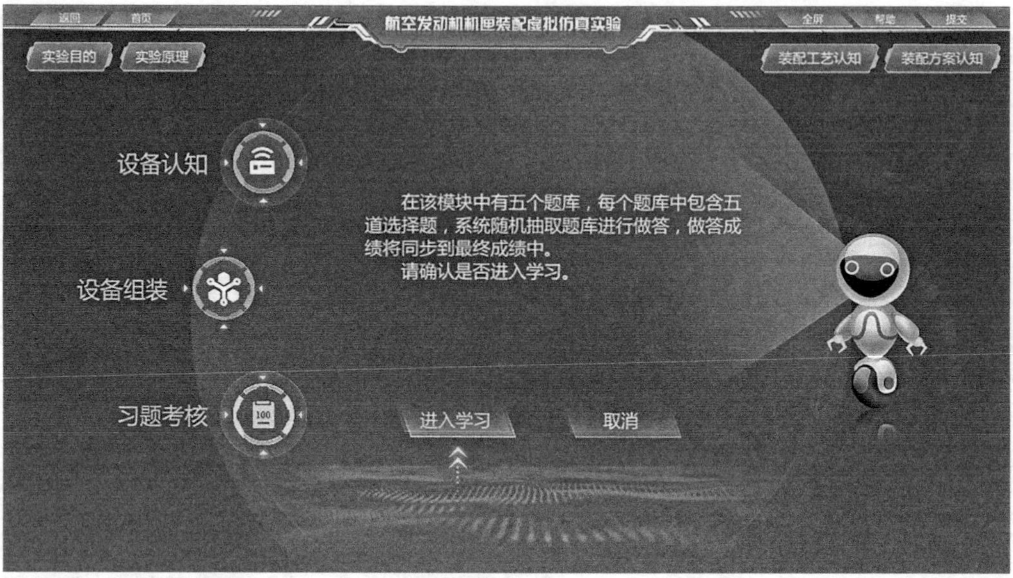

图 12-17
习题考核模块的界面

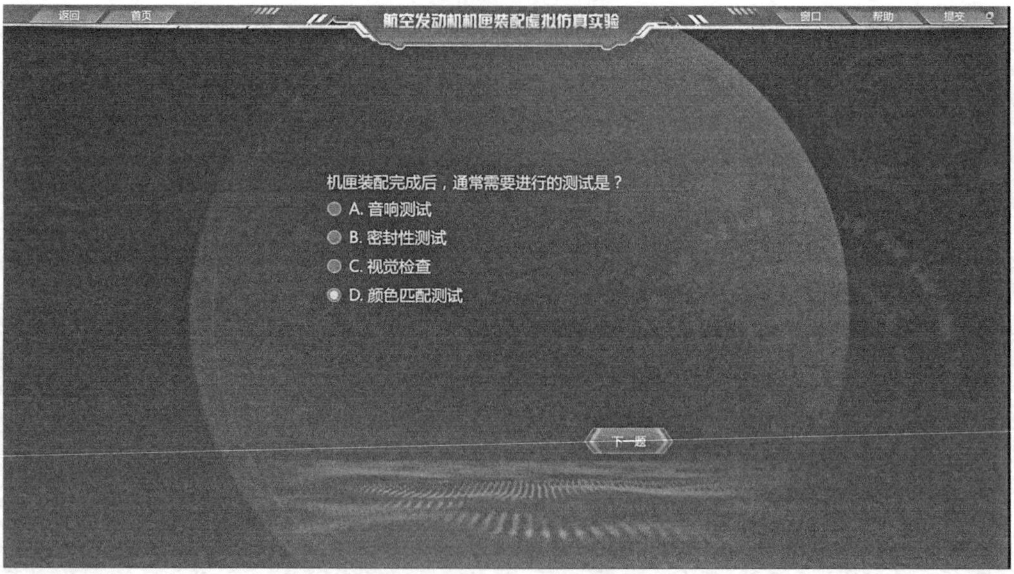

图 12-18
考核内容界面

四、思考题

（1）影响航空发动机机匣装配质量的因素有哪些?

（2）航空发动机机匣装配过程中可能出现哪些问题?

（3）如何解决航空发动机机匣装配过程中可能出现的故障问题?

实验十三：航空发动机故障检测虚拟仿真实验

一、实验目的

知识目标：

通过航空发动机叶片激光立体成形修复虚拟仿真实验，模拟航空维修企业的真实环境，掌握典型故障检测与修复工艺的设计方法，增强理论课的实践效果。

仿真演示视频

能力目标：

培养航空发动机叶片损伤诊断、修复工艺设计及虚拟仿真优化的综合能力，掌握激光立体成形技术参数调控与成形质量分析的实践技能，提升解决实际工程问题的创新能力。

素质目标：

培育精益求精的工匠精神和安全责任意识，厚植航空报国的家国情怀，拓展高端制造技术的国际视野，强化航空维修领域的职业使命感。

二、实验原理

激光增材制造根据其制造过程中材料状态及运输方式的不同，可分为基于同轴送粉的激光立体成形（laser solid forming，LSF）技术和基于粉床铺粉的选区激光熔化（selective laser melting，SLM）技术。

激光立体成形系统主要包括激光器、控制系统、送粉系统、供气系统和惰性气氛保护系统，其成形原理如图 13-1 所示。在成形过程中，聚焦后的激光能量集聚在基材上，使其局部熔化形成熔池，同时粉末由送粉装置通过气流约束同步送入熔池，在进入熔池后迅速熔化。与此同时，激光束不断地移动，不断生成新的熔池，并且由于失去热源，扫过路径上的熔池在相对较大的基材和试件表面快速凝固。如此循环往复，由点到线、

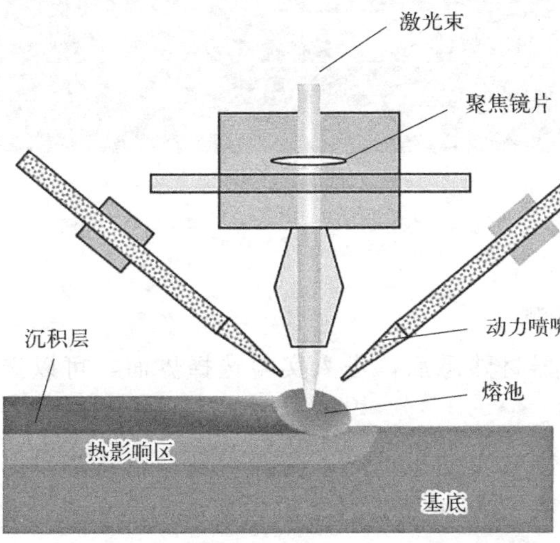

图 13-1
激光立体成形原理

实验十三

由线到面、由面到体，逐步按照二维轮廓信息逐层堆积，得到三维实体零件的近净成形。与 SLM 技术相比，激光立体成形技术除了成形结构的复杂度有所欠缺外，还具有成形效率高、可多种材料复合制造、无尺寸大小限制，以及可用于金属零件的高性能修复等优点。此外，激光立体成形技术还便于与其他先进技术相结合，充分发挥复合制造的优势，实现金属零部件的高效率、高性能、低成本复合制造及修复。

三、实验内容及步骤

本项目通过建构模型的方法模拟航空发动机故障检测过程，训练在这种模拟情景下对航空发动机的故障检测能力。本实验主要包括“故障诊断”“叶片损伤分析”“修复方案设计”“修复效果评估”“实验报告撰写”共五个模块。进行模拟航空发动机故障检测时，其实验流程依次为：学生交互性操作、故障分析、叶片损伤分析、修复方案设计及效果评估模块。如图 13-2 所示为本实验的初始界面，点击“开始实验”之后即可进入模块化学习，如图 13-3 所示。

图 13-2
初始界面

（1）实验模块一：故障检测

① 对实验室组成及实验器材熟悉后，进入实验选择界面，可以选择需要进行的实验。图 13-4 为实验选择界面。

② 发动机故障检测。分别对发动机试车，可以对发动机的启动、飞行包线、发动机性能进行检测。图 13-5、图 13-6 分别为发动机启动前的准备操作和发动机试车完成操作。图 13-7 为发动机试车后检测出的故障。

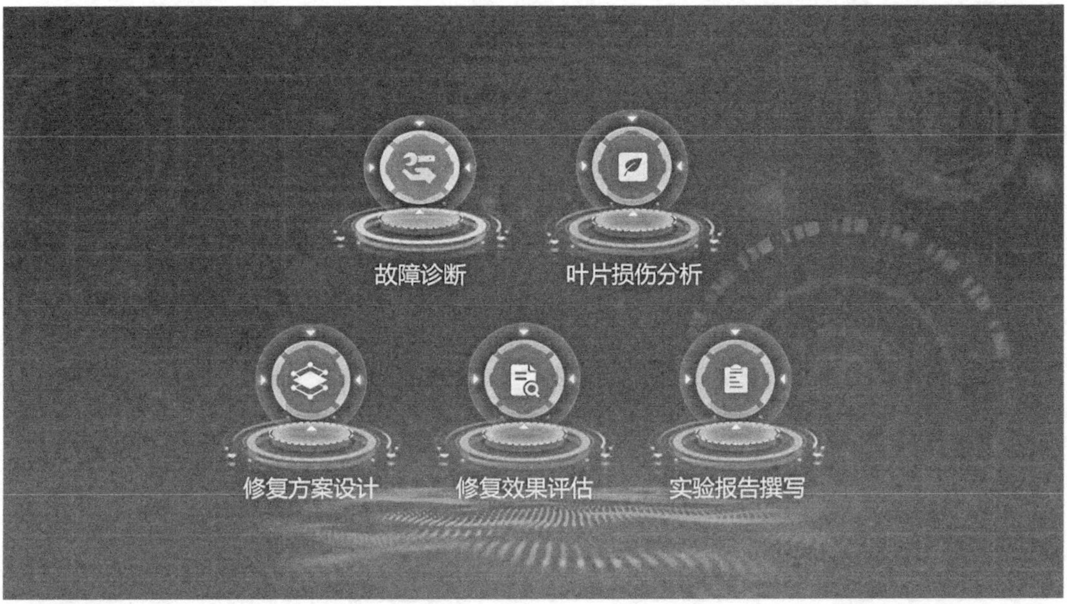

图 13-3
模块选择

图 13-4
实验选择界面

（2）实验模块二：叶片损伤分析

① 内窥镜检查。在叶片损伤模块，进入三维场景，点击高亮物体，通过内窥镜检查叶片损伤情况，如图 13-8 所示。

实验十三

图 13-5
发动机启动前的准备操作

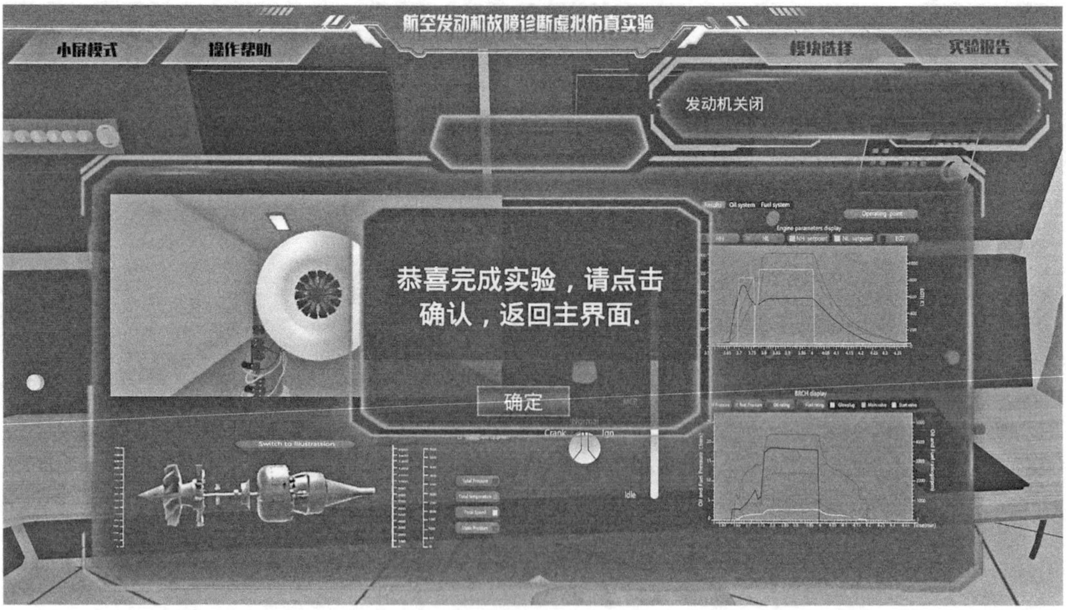

图 13-6
发动机试车完成操作

② 叶片信息记录。使用扫描仪将取下来的叶片进行扫描，并将详细信息传导进入电脑中，记录叶片信息。图 13-9、图 13-10 分别为故障件扫描、测量和记录操作。

③ 故障确定及叶片损伤分析。将调查数据填写到《发动机叶片损伤情况调查》表

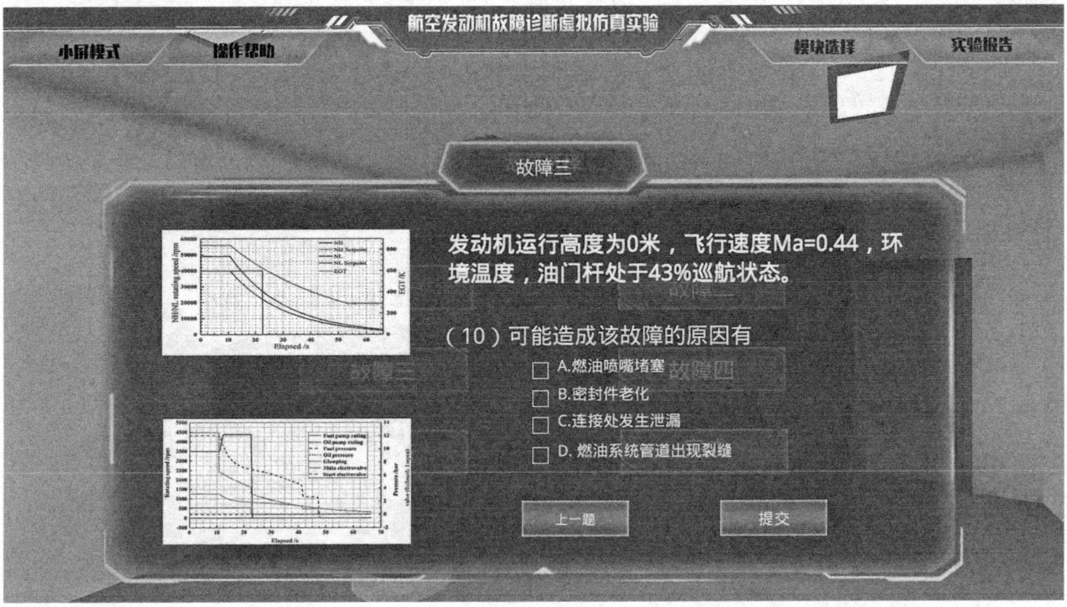

图 13-7
发动机试车后检测出的故障

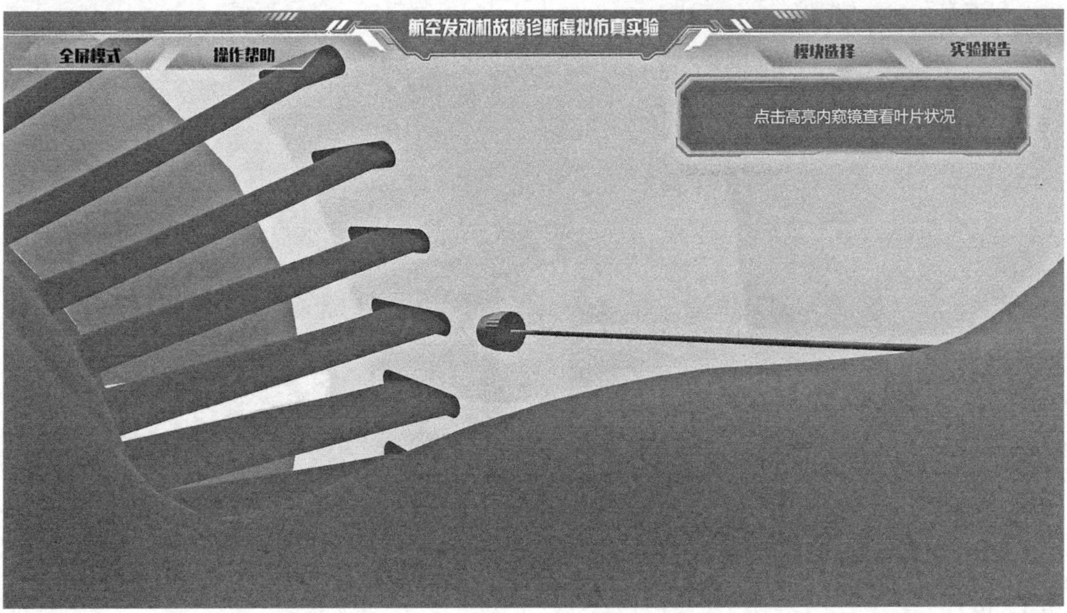

图 13-8
内窥镜检查

中，便于后面实验操作进行。通过了解叶片的工作原理，进行原理考核测试并考虑后面的修复方案设计。图 13-11 为叶片损伤分析操作。

图 13-9
故障件扫描

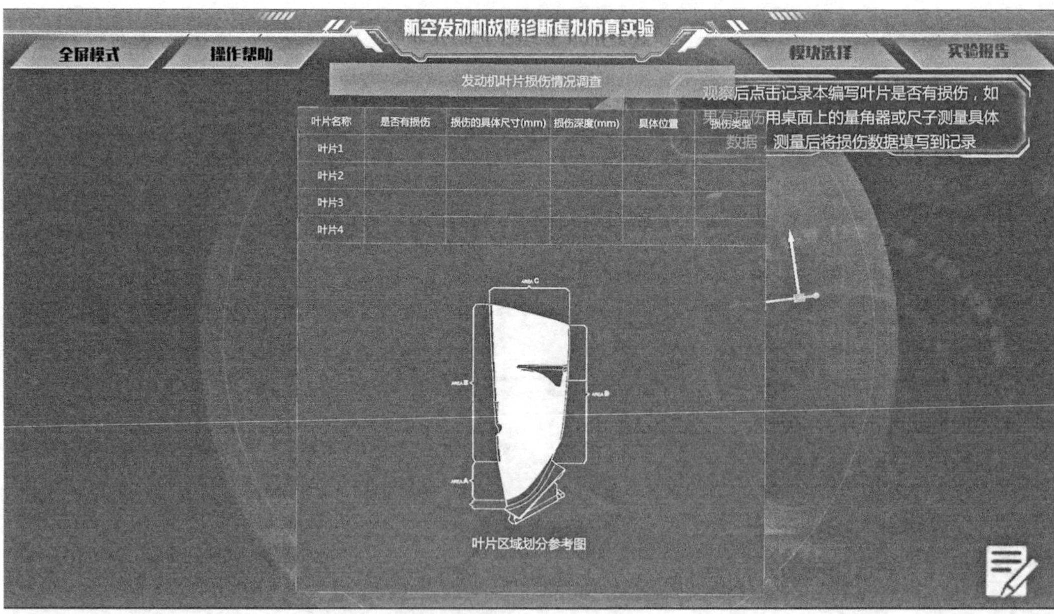

图 13-10
故障测量及记录

（3）实验模块三：修复方案设计

根据叶片大小以及损伤程度，采用增材制造技术对损伤部位进行修复。图 13-12、图 13-13 分别为增材制造的设备模型和修复时参数的设置操作。

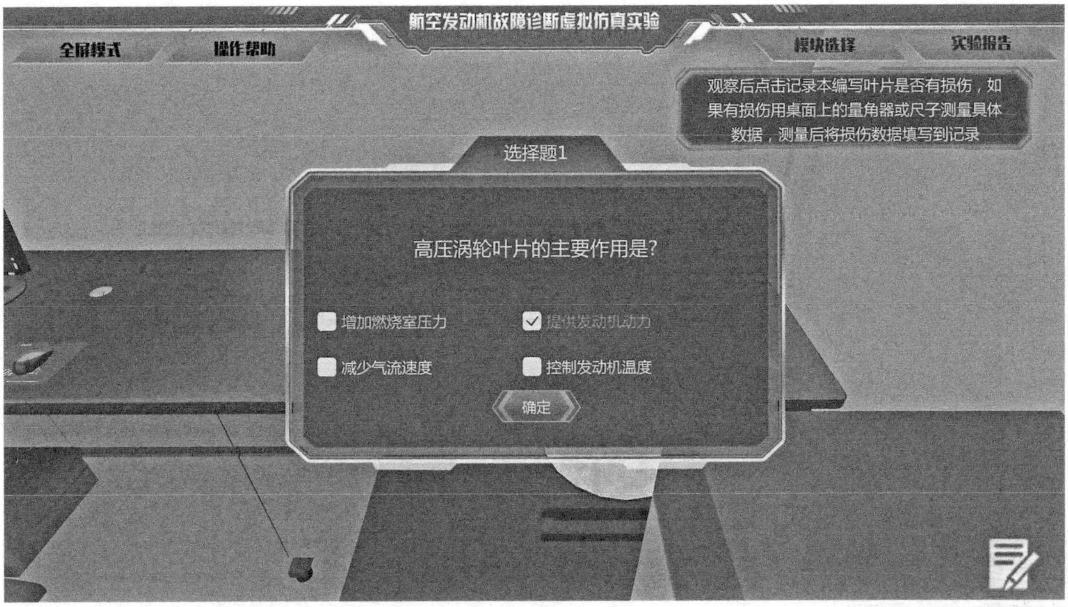

图 13-11
叶片损伤分析

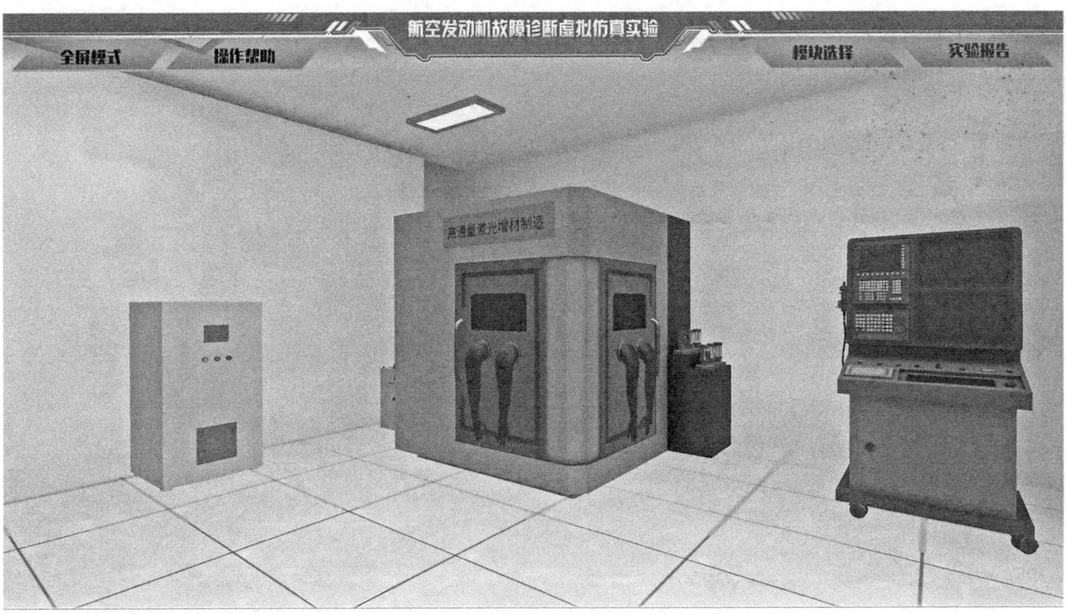

图 13-12
增材制造设备模型

（4）实验模块四：修复效果评估

将修复好的叶片放在发动机上运行，对比分析修复前、后叶片的性能。图 13-14 为修复前、后叶片的性能分析表。

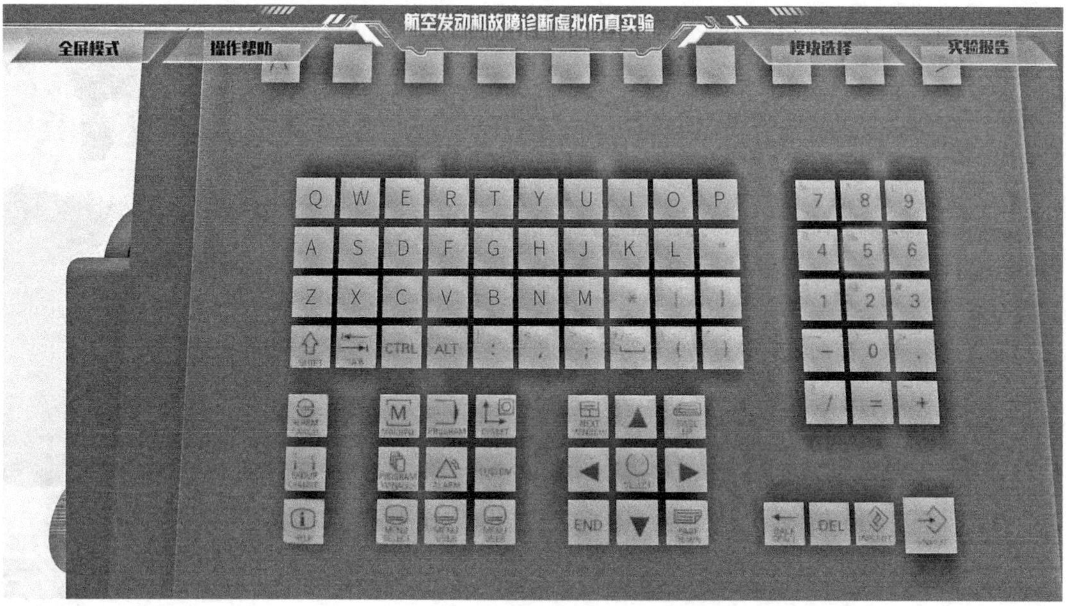

图 13-13
修复时参数的设置

性能指标	修复前	修复后	备注
抗拉强度(MPa)	视具体材料而定	1000-1200MPa	修复后抗拉强度可达到或接近母材水平
塑性(%)	视具体材料而定	4.3%-13.5%	修复后塑性有所提高，但仍低于母材
疲劳极限(MPa)	视具体材料而定	490MPa	修复后疲劳极限相比母材有所下降（约 7.1%）
表面粗糙度(Ra)	视具体材料而定	0.26-0.28μm	修复区域表面粗糙度与基体一致
残余应力(MPa)	无	-650MPa	修复区域残余应力为压缩状态，有利于提高疲劳强度
微观组织	视具体材料而定	魏氏组织/双态组织	修复区域微观组织由魏氏组织向双态组织过渡
热影响区	无	热影响区存在	修复后存在热影响区，但通过热处理可以改善
裂纹敏感性	较高	较低	修复后通过合适的焊接与热处理工艺可降低裂纹敏感性
组织偏析	无	可能存在	修复过程中可能出现组织偏析，需通过工艺调控减少
脆性相生成	无	可能存在	修复过程中可能出现脆性 Laves 相等缺陷，需避免

图 13-14
修复前、后叶片的性能分析表

（5）实验模块五：实验报告撰写

实验全部操作完成之后，点击实验报告模块，编写与该实验相关的建议与总结，并点击提交，如图 13-15 所示。

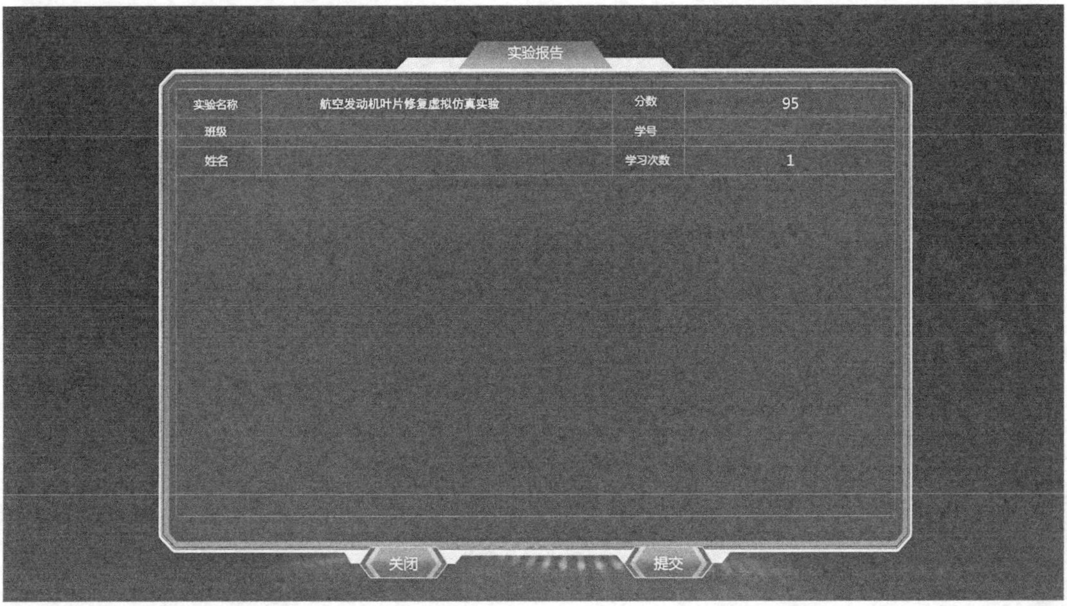

图 13-15
实验报告

四、思考题

（1）如何确定发动机叶片损伤的程度？

（2）用哪些方案可以修复叶片？

（3）用增材制造的方式修复叶片时，有哪些是影响叶片成形的因素？

实验十三